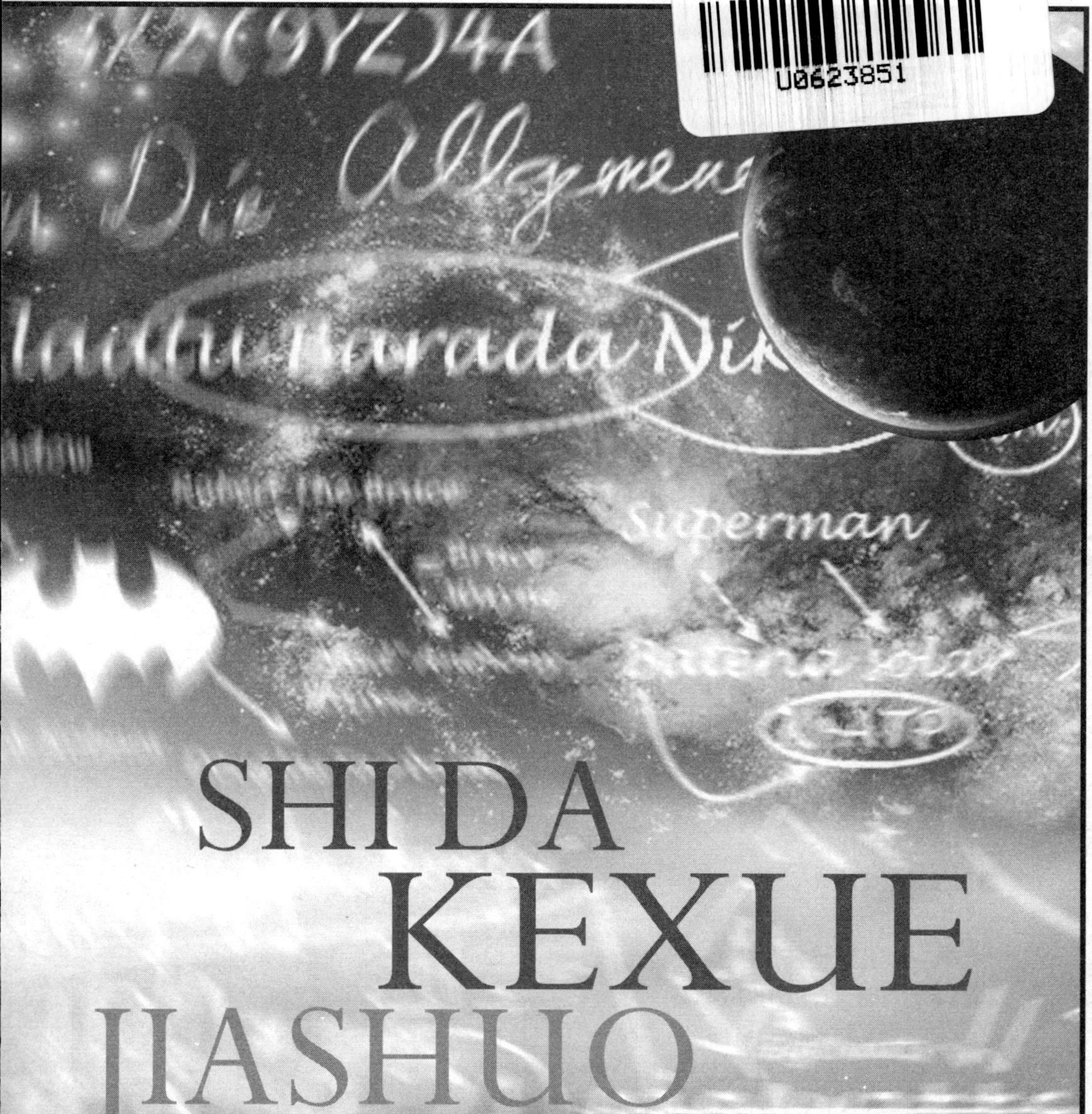


# 十大科学假说

刘路沙 **主编**
张明国 赵建军 **编著**

广西出版传媒集团 | 广西科学技术出版社

**图书在版编目（CIP）数据**

十大科学假说 / 刘路沙主编. —南宁：广西科学技术出版社，2012.8（2020.6重印）

（十大科学丛书）

ISBN 978-7-80666-120-8

Ⅰ. ①十… Ⅱ. ①刘… Ⅲ. ①自然科学—假说—青年读物②自然科学—假说—少年读物 Ⅳ. ① N49

中国版本图书馆 CIP 数据核字（2012）第 190796 号

**十大科学丛书**

**十大科学假说**

刘路沙　主编

**责任编辑**　池庆松　　**封面设计**　叁壹明道

**责任校对**　黄博威　　**责任印制**　韦文印

**出 版 人**　卢培钊

**出版发行**　广西科学技术出版社

（南宁市东葛路 66 号　邮政编码 530023）

**印　　刷**　永清县晔盛亚胶印有限公司

（永清县工业区大良村西部　邮政编码 065600）

**开　　本**　700mm × 950mm　1/16

**印　　张**　16

**字　　数**　206千字

**版次印次**　2020 年 6 月第 1 版第 4 次

**书　　号**　ISBN 978-7-80666-120-8

**定　　价**　29.80 元

# 青少年阅读文库



**《十大科学丛书》**

选题设计：黄　健
主　　编：刘路沙

# 代序　致二十一世纪的主人

## 钱三强

21世纪，对我们中华民族的前途命运，是个关键的历史时期。21世纪的少年儿童，肩负着特殊的历史使命。为此，我们现在的成年人都应多为他们着想，为把他们造就成21世纪的优秀人才多尽一份心，多出一份力。人才成长，除了主观因素外，在客观上也需要各种物质的和精神的条件，其中，能否源源不断地为他们提供优质图书，对于少年儿童，在某种意义上说，是一个关键性条件。经验告诉人们，一本好书往往可以造就一个人，而一本坏书则可以毁掉一个人。我几乎天天盼着出版界利用社会主义的出版阵地，为我们21世纪的主人多出好书。广西科学技术出版社在这方面做出了令人欣喜的贡献。他们特邀我国科普创作界的一批著名科普作家，编辑出版了大型系列化自然科学普及读物——《青少年阅读文库》（以下简称《文库》）。《文库》分“科学知识”“科技发展史”和“科学文艺”三大类，约计100种。《文库》除反映基础学科的知识外，还深人浅出地全面介绍当今世界的科学技术成就，充分体现了20世纪90年代科技发展的水平。现在科普读物已有不少，而《文库》这批读物的特有魅力，主要表现在观点新、题材新、角度新和手法新，内容丰富、覆盖面广、插图精美、形式活泼、语言流畅、通俗易懂，富于科学性、可读性、趣味性。因此，说《文库》是开启科技知识宝库的钥匙，缔造21世纪人才的摇篮，并不夸张。《文库》将成为中国少年朋友增长知识，发展智慧，促进成才的亲密朋友。

亲爱的少年朋友们，当你们走上工作岗位的时候，呈现在你们面前的将是一个繁花似锦的、具有高度文明的时代，也是科学技术高度发达的崭新时代。现代科学技术发展速度之快、规模之大、对人类社会的生产和生活产生影响之深，都是过去无法比拟的。我们的少年朋友，要想胜任驾驭时代航船，就必须从现在起努力学习科学，增长知识，扩大眼界，认识社会和自然发展的客观规律，为建设有中国特色的社会主义而艰苦奋斗。

我真诚地相信，在这方面，《文库》将会对你们提供十分有益的帮助，同时我衷心地希望，你们一定为当好21世纪的主人，知难而进，锲而不舍，从书本、从实践吸取现代科学知识的营养，使自己的视野更开阔，思想更活跃，思路更敏捷，更加聪明能干，将来成长为杰出的人才和科学巨匠，为中华民族的科学技术实现划时代的崛起，为中国迈人世界科技先进强国之林而奋斗。

亲爱的少年朋友，祝愿你们奔向未来的航程充满闪光的成功之标。

# 编者的话

展现在少年朋友们面前的这本小书主要介绍了历史上的“十大科学假说”。这些科学假说涉及数学、物理学、化学、天文学、地球科学、生物学、医学、农学等主要自然科学领域。

在具体叙述过程中，我们首先介绍科学家们创立这些科学假说的历史背景、主要过程及其方法，然后再对这些科学假说进行评价。其目的是让少年朋友们从中了解科学研究的过程，学习科学家们的奋斗精神，并以此激励大家在今后的学习与工作中勇于探索，尊重科学。为了达到这个目的，我们在叙述中尽可能做到通俗易懂、深入浅出、图文并茂、言简意赅。

科学假说是科学家们根据已经掌握的科学原理和科学事实，通过一系列的思维推理过程，对某种自然现象及其原因、本质和规律所做出的假设性解释、说明和猜测。它既有一定的科学性、合理性，又具有猜测性、可变性和多样性。因此，科学假说还不是科学理论，只有运用实践（尤其是科学实验）对其进行检验，才能判定它是否是科学理论。可以说，实践是检验科学假说是否是科学理论的重要标准。

其实，历史上的大多数科学理论在最初都是以科学假说的形式出现的。科学家们在科学假说形成以后，使用它解释新的自然科学问题，使它在实践证明中上升为科学理论；当他们用这种理论不能解释新问题时，再提出新的科学假说，建立新的科学理论。自然科学就是沿着科学实践—科学问题—科学假说—实践检验—科学理论—新的科学假说—实践检验—新的科学理论……的路线发展的。其中，科学假说起着重要作用。正如恩格斯所说："只要自然科学在思维着，它的发展形式就是假说。"这也就是说，科学假说是科学发展的重要形式，离开科学假说，科学理论几乎不能形成，科学也很难向前发展。因此，少年朋友们要高度重视科学假说，在今后的学习和研究中，要善于通过思索，建立科学假说，形成科学理论，促使自己在科学的征途上有所发明和创造，不断前进。

历史上的许多科学假说至今大都经受住了实践的检验，上升为科学理论。为了激励和促使少年朋友们在今后的科学道路上继续探索，我们主要选择并介绍了到目前为止还处于假说状态的科学假说（"分子假说"已成为一个化学定律了。我们介绍它，主要是让大家了解它是怎样成为科学理论的）。目前，世界各国的科学家都在积极地对它们进行研究，试图从中获得重大突破。对于广大少年朋友来说，这既是一个难得的机遇，也是一个严峻的挑战。

我们希望少年朋友用你们的聪明和智慧去修正、丰富和发展这些科学假说，并在此基础上，创建出新的科学理论。用你们的青春和热血，去攀登科学高峰，谱写出一曲壮丽的"青春之歌"。

张明国
于北京化工大学科技与社会研究所

# 目 录

**方程 $X^n+Y^n=Z^n(n>2)$ 有正整数解吗**——“费马假说” …………… (1)
一、费马的生平和业绩 …………………………………………………… (2)
二、“费马假说”的由来 …………………………………………………… (7)
三、“费马假说”的证明 …………………………………………………… (10)
**β射线的能量分布为何是连续的**——泡利的“中微子假说” ……… (21)
一、“中微子假说”形成的历史背景 ……………………………………… (22)
二、“中微子假说”的形成 ………………………………………………… (27)
三、中微子的证实与发现 ………………………………………………… (31)
**宇宙中存在着反物质和暗物质吗**——狄拉克的“反物质假说” …… (38)
一、从“通古斯卡大爆炸”谈起 ………………………………………… (39)
二、“宇宙大爆炸假说”的启示 ………………………………………… (40)
三、狄拉克的“反物质假说” …………………………………………… (42)
四、反物质与暗物质概说 ……………………………………………… (49)
五、运用高科技手段探寻反物质和暗物质 …………………………… (51)
**“分子”的概念是如何产生的呢**——阿伏伽德罗的“分子假说” …… (56)
一、古代哲学家的天才猜测 …………………………………………… (56)
二、道尔顿的原子论 ……………………………………………………… (59)
三、阿伏伽德罗的“分子假说” ………………………………………… (62)

**太阳系是怎样起源和演化的呢**——康德的“星云假说” …………… (72)
一、康德的生平及业绩………………………………………… (72)
二、“星云假说”的主要内容…………………………………… (77)
三、“星云假说”的意义………………………………………… (80)
四、对“星云假说”的科学评价……………………………… (83)
五、“星云假说”的发展………………………………………… (86)
**宇宙是怎样起源和演化的呢**——伽莫夫的“大爆炸宇宙假说” …… (95)
一、宇宙的组成——星系……………………………………… (96)
二、宇宙的起源及演化——“大爆炸宇宙假说” …………… (104)
**地球表面是怎样形成的呢**——摩根等人的“板块构造假说”……… (112)
一、地球表面概况 …………………………………………… (112)
二、“板块构造假说”的创立 ………………………………… (116)
**生命是如何起源及演化的呢**——奥巴林的“化学起源假说”……… (135)
一、什么是生命 ……………………………………………… (136)
二、奥巴林的生平 …………………………………………… (138)
三、“化学起源假说”的创立 ………………………………… (139)
四、“化学起源假说”的证实与发展 ………………………… (145)
五、生命起源的基本过程 …………………………………… (149)
**衰老是怎么一回事**——“整体衰老假说”………………………… (156)
一、什么是衰老 ……………………………………………… (157)
二、人和动物的衰老 ………………………………………… (159)
三、关于衰老的各种假说 …………………………………… (162)
四、“整体衰老假说” ………………………………………… (173)
**中医学史上的奇葩**——《黄帝内经》及“经络假说”…………… (179)
一、《黄帝内经》概况 ………………………………………… (179)
二、“经络假说”简介 ………………………………………… (186)
三、经络研究在中国 ………………………………………… (193)

四、经络研究在国外 …………………………………………………… (196)
**其他科学假说简介**…………………………………………………… (200)
一、数学假说 …………………………………………………………… (200)
二、物理学假说 ………………………………………………………… (206)
三、化学假说 …………………………………………………………… (212)
四、天文学假说 ………………………………………………………… (220)
五、地学假说 …………………………………………………………… (225)
六、生物学假说 ………………………………………………………… (229)
七、农学假说 …………………………………………………………… (239)
八、医学假说 …………………………………………………………… (242)

# 方程 $X^n+Y^n=Z^n$（$n>2$）有正整数解吗

## ——“费马假说”

“勾股定理”是我国古代劳动人民发明出来的一条几何定理。它可以用 $X^2+Y^2=Z^2$（其中 $X$、$Y$ 表示直角三角形的两条直角边，$Z$ 表示它的斜边）来表示。例如，当 $X=3$，$Y=4$ 时，$Z=5$，上面的式子就可以写成 $3^2+4^2=5^2$。

然而，如果把上面的式子改写成 $X^3+Y^3=Z^3$，或者把它任意改写成 $X^n+Y^n=Z^n$ 是否可以呢？也就是说，当 $X$、$Y$、$Z$ 分别等于多少时（这里要求 $X$、$Y$、$Z$ 必须是正整数，$n$ 是大于 2 的正整数）上面的方程式才成立呢？

有的少年朋友会问，这个问题是哪一位科学家最先提出来的呢？

这个问题最早是由法国数学家费马（Pierre de Fermat，1601—1665）提出来的。费马认为，当 $n>2$ 时，方程 $X^n+Y^n=Z^n$ 没有正整数解，也就是说，当 $n>2$ 时，$X$、$Y$、$Z$ 无论等于什么正整数，方程 $X^n+Y^n=Z^n$ 都不成立。人们便把费马的这种观点称为“费马猜想”或者“费马假说”。费马虽然提出了自己的观点，但是他却没有证明这个观点，此后的许多数学家尽管耗尽了精力去证明它，还是没有得出最终的结果。

因此，“费马假说”历经三百多年直至 1998 年之前仍然只是一个科学假说，不能成为科学理论。

# 一、费马的生平和业绩

皮埃尔·费马

费马（也译为“费尔马”或者“费尔玛”）是法国最伟大的数学家之一，被人们称为“业余数学家之王”。

1601年8月20日，费马出生在法国南部土鲁斯附近的一个名叫“博蒙-德洛马温”的地方。他的父亲是一位皮革商，从事皮革生意，因此，费马的家庭生活还算比较富裕，这使得费马能够上学，接受良好的学校教育。

费马虽然在大学学习法律，毕业后也从事法律方面的工作，但是，他却热心钻研数学和物理学方面的问题，并在这些方面取得了许多成果。

（一）创立了解析几何

几何学是研究空间图形的形状、大小和位置的相互关系的科学，简称几何。几何分为平面几何（如三角形等）、立体几何（如圆柱体等）和解析几何。解析几何是用代数的方法来解决几何学问题。在解析几何中，用坐标来表示点的位置，用坐标间的关系来表示和研究几何图形的性质。通过解析几何，可以用方程式来表示几何的图形，也可以用几何来表示方程，从而使代数和几何达到了统一。例如，我们可以用方程 $y=kx$ 表示直线，用方程 $\frac{x^2}{a^2}+\frac{y^2}{b^2}=1$ 表示椭圆，用方程 $y^2=2px$ 表示抛物线等。关于这方面的知识，少年朋友们在今后的学习中将会了解到。

一般认为，解析几何最先是由法国著名数学家、哲学家笛卡儿

(Descartes，1596—1650）发明创立的。他发表的数学著作《几何学》被数学家们称做解析几何学的开山之作，笛卡儿因此也被人们称为解析几何学的创始人。

笛卡儿

其实，创立解析几何的不只是笛卡儿一个人，在此前后，许多数学家都曾从事解析几何的研究工作，费马就是其中的一个。

早在笛卡儿创立解析几何之前，费马就独立地研究解析几何了。他指出，可以用方程来表示曲线，通过研究方程可以推断出曲线的性质。费马曾经在他写的一篇关于解析几何的论文中就认为，可以用方程 $y=mx$、$xy=k^2$、$x^2+y^2=a^2$、$x^2\pm a^2y^2=b^2$ 来表示直线、椭圆、双曲线的性质。少年朋友们在学习过解析几何学以后就会发现，费马上面的方程与今天的方程已经很相似了。

正因如此，有人说，费马曾经和笛卡儿围绕谁是解析几何学的最先发明者这个问题展开过争论，费马坚持认为自己应该享有解析几何的优先发明权；也有人说，费马和笛卡儿应共享着创立解析几何的荣誉。这表明，费马在创立解析几何方面做出了不可磨灭的贡献。

（二）发明了求曲线图形面积的方法

大多数少年朋友都知道计算正方形、长方形和圆的面积的方法。例如：

1. 如果知道一个正方形的边长是 5 厘米，那么，这个正方形的面积就是 5×5=25（平方厘米)。

2. 如果知道一个长方形的长是 2 厘米，宽是 3 厘米，那么，这个长方形的面积就是 2×3=6（平方厘米)。

3. 如果知道一个圆的半径是 1 厘米，那么，这个圆的面积就是

$3.14\times1^2=3.14$（平方厘米）。

那么，怎样求不规整的曲线图形的面积呢？

费马在这方面作出了贡献。

例如，费马研究了如何计算下面图形面积的方法。

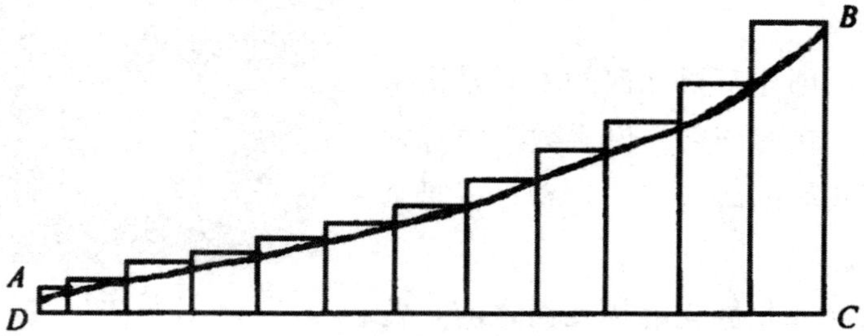


在上图中，$AB$ 是一条曲线，它与直线 $BC$ 和直线 $DC$ 围成了一个不规整的三角形。这个三角形之所以不规整，是因为它的斜边 $AB$ 是一条曲线而不是一条直线，另外，曲线 $AB$ 与直线 $DC$ 并不相交，$A$ 点与 $D$ 点没有重合在一点上。

那么，怎样求上面这个不规整的三角形的面积呢？

为此，费马用一个一个小长方形把曲线三角形分割开来。他发现，小长方形的个数越多，图中的曲线三角形就被分割得越细，这些小长方形的面积相加得到的总和就越接近曲线三角形的面积。这样，虽然不能直接、准确地计算出曲线三角形的面积，但是，可以通过计算这些小长方形的面积之和来间接、近似地求出曲线三角形的面积。因为曲线三角形虽然是不规整图形，但是这些小长方形却是规整图形，可以用公式 $S=a\times b$ 来计算出它们的面积。

可见，费马是用规整图形来分解不规整图形，通过计算规整图形面积之和，来计算出不规整图形的面积的。这种方法在今天看起来，不算是什么高明的方法，然而，在当时的情况下，费马能够在业余时间里，依靠自己的独立研究发明出这种方法，已经是个奇迹了。

（三）创立了概率论

概率论是研究大量随机现象的统计规律性的一门数学学科，它是数学中的一门重要的分支学科。

例如，把一枚5分硬币抛向空中，当硬币落在地面上时，正面和背面朝上出现的机会各是多少？这个问题就属于概率问题。在这个问题中，当硬币落地时，它的正面和背面都有可能朝上，也就是说，硬币的正面和背面在落地时朝上出现的机会是相等的，因此，正面或背面出现的概率应当是1/2或者50%，二者各占一半。

早在1654年，费马和他的朋友布莱斯·帕斯卡就注意到了类似的现象。这里面还有一段有趣的故事呢！

布莱斯·帕斯卡

有一个名叫梅累的赌徒。一天，梅累请求费马的朋友帕斯卡帮助自己解决下面的一个问题：现有甲、乙两个赌徒相约要赌若干局（比如赌10局），其中，如果谁先赌赢了若干局（比如谁先赌赢了8局），就算谁赢了。现在，甲赌赢了 $a$ 局（比如赢了4局），乙赢了 $b$ 局（比如赢了5局）。在这种情况下，问赌本应当怎样分才合理？

帕斯卡也是一名数学家。他对上面的问题进行了认真的研究，并把他自己的解决方法以书信的方式告诉费马，以征求他的意见。费马在接到了帕斯卡的信之后，对信中所提到的问题以及帕斯卡的解决方法进行了深入的研究，并把自己的想法及时告诉帕斯卡。

从此，费马与帕斯卡经常通信交流，共同研究类似于上面提到的关于随机事件的概率问题。此外，还有许多数学家如惠更斯（Chrisriaan

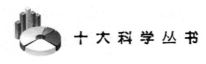

Huygens，1629—1695）、伯努利（Jacob. Bernoulli，1654—1705）都参与了概率问题的研究。他们共同创立了概率论。

费马除了取得上述的研究成果外，还在数学的其他领域和物理学领域中作出了许多贡献。例如，他发现了光学上的最少时间原理，并根据这个原理推出关于光的反射与折射定律：入射角＝反射角。他还发现了求曲线的切线方程和求极大值、极小值的方法。少年朋友在以后的学习过程中将会逐渐地了解到这些知识。人们根据费马在数学领域中所做出的巨大贡献，把他誉为“业余数学家之王”。

费马虽然取得了上述成果，但是他并没有骄傲自满、狂妄自大，反而谦虚谨慎、鄙薄名利。他在生前很少公开发表论文或著作，只是在与朋友之间的通信来往中，叙述或论证自己的研究成果。他的朋友多次催促他写论文，公开发表自己的研究成果，但是，这些建议都遭到了费马的拒绝。费马去世以后，他的儿子便把费马生前所写的论文手稿进行整理，汇编成册。全书共分两卷：第一卷收集了费马研究古希腊数学家丢番图（Diophantus，约公元前246—公元前330）《算术》一书的成果文稿；第二卷收集了费马求抛物形面积的方法、求极大值和极小值的方法以及将要向少年朋友们介绍的“费马假说”，书名叫《数学杂文集》。它所收集的文稿大都是费马与笛卡尔、帕斯卡、惠更斯等科学家的来往信件。

当费马的儿子把父亲的研究成果公布于世的时候，人们才知道费马在数学上取得的光辉成就。费马的数学思想对当时乃至以后的数学家们产生了巨大的影响。

## 二、“费马假说”的由来

古希腊数学家丢番图在他的数学著作《算术》一书中对方程 $X^2+Y^2=Z^2$ 进行了论述。他在这本书中写道：“将一个平方数分为两个平方数。”如果把这句话和方程 $X^2+Y^2=Z^2$ 联系起来，那么，这句话的意思就是，把一个平方数 $Z^2$ 分为两个平方数 $X^2$ 和 $Y^2$。也就是说，一个平方数 $Z^2$ 等于两个平方数 $X^2$ 和 $Y^2$ 的和，这就是 $Z^2=X^2+Y^2$。

从上面的叙述中我们可以看到，在古代和近代，中西方的数学家都对方程 $X^2+Y^2=Z^2$ 进行了研究，都认为这个方程有整数解。

1621年，一位名叫巴切（Bachet，1581—1638）的数学家把丢番图的著作《算术》翻译成拉丁文，并在法国出版。当时，费马正在利用业余时间刻苦钻研数学。

当他读到这本书中的第8命题，也就是前面介绍的“将一个平方数分为两个平方数”这段话时，被深深吸引住了。他想，既然可以“将一个平方数分为两个平方数”，那么，能不能把一个立方数分为两个立方数，把一个 4 次方数分为两个 4 次方数呢？如果用方程式来表示就是：既然方程 $X^2+Y^2=Z^2$ 存在，那么，方程 $X^3+Y^3=Z^3$、方程 $X^4+Y^4=Z^4$ 能不能存在呢？

于是，善于思考、勤于钻研的费马对上面的问题进行了研究。他经过研究认为，自己上面的想法是不可能实现的。就是说，方程 $X^3+Y^3=Z^3$ 和方程 $X^4+Y^4=Z^4$ 没有整数解。

接着，费马就把自己的研究结果写在了丢番图所说的上面那段话的旁边。他写道："将一个立方数分为两个立方数，将一个数的 4 次幂分为两个数的 4 次幂，或者一般地将一个数的高于 2 次的幂分为两个数的同次的幂，这是不可能的。关于此，我确信已发现一种美妙的证法，可惜这里的空白地方太小，写不下。"

费马上面那段话的意思是：

不可能把一个立方数分成两个立方数，把一个数的 4 次幂分成两个数的 4 次幂。一般说来，不可能把一个数的大于 2 次的幂，分成两个数的与它同次的幂。就是说，不存在方程 $X^3+Y^3=Z^3$、$X^4+Y^4=Z^4$；当 $n>2$ 时，不存在方程 $X^n+Y^n=Z^n$。关于这方面的证明，他坚信已经发现一种奇妙的方法，可惜书上空白地方太小，不能把它完整地写下来。

上面就是"费马假说"的内容。这个假说简单说就是："当 $n>2$ 时，方程 $X^n+Y^n=Z^n$ 没有正整数解。"

费马上面那段话表明，他不仅相信自己所提出的这个假说可以证明，而且也已经找到了证明自己的假说的方法。然而，让我们感到疑惑不解的是，费马既然找到了证明自己的假说的方法，那么，为什么他不能把他的方法叙述出来，以便让后人知道呢？难道仅仅是因为书上的空白地方太小而写不下吗？如果空白太小写不下，还可以在书中的其他页的空白处写下嘛！依照前文所说，费马具有严谨、求实的治学态度和精神，我们坚信费马的确已经找到了证明自己的假说的方法。但是，费马不公布自己的证明方法，是因为他不想这样做，还是因为他已经在某个地

方写下了自己的证明方法，只是后人还没有发现它呢？

于是，数学家们便四处寻找费马证明他自己假说成立的方法的手稿。

数学家迪克森在他的数学著作《数论史》第二卷中说，1638 年 6 月，费马曾经给梅森寄去了一封信，在这封信中，他写道：“我希望能找到两个立方数的和是另一个立方数，两个数的 4 次幂的和是另一个数的 4 次幂。”另外，费马还分别在 1640 年和 1657 年与其他数学家的通信中谈到过类似的内容。然而，令人遗憾的是，数学家们在费马给朋友写的所有书信中，都没有找到他所说的证明他自己假说的方法。

在这种情况下，数学家们便试图通过自己的努力来研究证明的方法，以揭开费马遗留给后人的这个谜。

## 三、“费马假说”的证明

（一）悬重赏，激励证明

1823年和1850年，法国科学院为了鼓励人们证明“费马假说”，曾经先后两次颁布了奖励政策。政策规定：谁能证明“费马假说”，就授予他金质奖章和3万法郎（法国货币单位）。另外，为了保证申请获奖者的研究成果是真实的，1856年，法国科学院还委托数学家柯西、留维尔、拉梅、伯传德和沙尔等人作为成果的鉴定人。如果谁声明他自己已经把“费马假说”证明出来了，那么，他必须把自己的证明成果提交给上面的几位数学家，请他们对自己的成果进行审查和鉴定。如果这些鉴定人一致认为他的证明成果是真实可靠的，那么，他就是“费马假说”的证明者，不仅可以获得巨大的荣誉，还能领取到法国科学院颁发的金质奖章和3万法郎的巨额奖金。

1908年，德国著名数学家佛尔夫斯克尔在去世前留下遗言，把自己多年积存下来的10万马克（德国货币单位）巨款捐赠给哥廷根皇家科学院，以此作为奖金，奖给第一个证明“费马假说”的人。

哥廷根皇家科学院对此事非常重视，他们专门进行了研究，作出了以下明确规定：

第一，证明者必须将自己的证明成果以学术论文或者学术著作的形式，在学术杂志上公开发表，或者在出版社公开出版，以便接受读者们的审查、鉴定。

第二，科学院不承担鉴定证明成果的工作和责任，证明成果的真假通过公开发表的渠道让广大读者去审查、评判。

第三，证明者必须在自己的证明成果公开发表两年以后申请奖励。如果不足两年或者在两年内被他人指控该成果是假冒成果，那么，就不允许证明者申请获奖，相反，还要对他进行谴责和批判。

第四，这项奖金限期为100年，到2007年取消，不再设立。

第五，在颁发奖金之前，可以用该奖金的利息奖励那些虽然没有最终证明“费马假说”，却为此做出了重大贡献的人（例如，有位名叫外斐力什的数学家曾为证明“费马假说”作出了很大贡献，所以，他获得了这种奖励）。

此外，比利时布鲁塞尔科学院也悬以重金奖赏第一个证明“费马假说”的数学家。

有的少年朋友可能要问：为什么有这么多国家设立巨额奖金，鼓励数学家证明“费马假说”呢？

这是因为，“费马假说”被提出来以后，许多数学家认识到，这个假说具有很重要的意义，它将对数学的发展产生巨大影响。美国数学家爱德瓦德就说过：“数学家经常漂流在还未解决的问题的汪洋大海中，但是，力图解决‘费马假说’在将来正如过去一样，必将给我们带来数学上的进展。”

如果哪个国家能够率先解决了这个举世公认的数学难题，就标志着这个国家的科学水平在世界处于领先地位，也标志着这个国家将获得很高的荣誉，这就像我国著名数学家陈景润（1933—1996）率先攻克“哥德巴赫猜想”的科学堡垒，摘取世界数学皇冠，从而为祖国赢得了荣誉一样。

（二）证明者争先恐后

“重赏之下必有勇夫。”当上面的一系列奖励政策颁布以后，在当时的德国、法国以及世界其他国家都掀起了一股证明、研究“费马假说”的热潮。其中，不仅有数学家，还有许多教师、工程师、大学和中学的学生，甚至还有政府官员和银行职员。人数之多，范围之广，都是空前的。

在德国，仅在1908～1911年，哥廷根皇家科学院就收到了1000份申请获奖的证明成果（论文）。为了及时准确鉴定这些证明成果，德国《数学和物理文件实录》杂志编辑部特意设立了鉴定部门，组织了专家鉴定组，对申报上来的论文进行科学鉴定。到1911年初，该部门共审查鉴定论文111篇，结果认为，这些证明成果全部是错误的。

由于申报上来的证明成果太多，而且形式五花八门，因此给审查、鉴定单位带来了负担。据说，当时《数学和物理文件实录》杂志编辑部因为实在承受不了繁重的审查与鉴定负担，只好被迫宣布停止这方面的工作。

为了减轻审查、鉴定的负担，鉴定部门规定：凡是寄来要求鉴定的论文必须是印刷稿件，不收手稿。此外，他们还特意印制了一份给申请者回信说明或者通告鉴定结果的具有标准格式的通知书，上面写道：

亲爱的先生（女士）：

您对“费马假说”的证明已经收到，现予退回。第一个错误出现在第_页第_行，……

这样，鉴定人只要在上面的标准格式通知书中简单地填写几个数字，就可以迅速地把鉴定结果通知回复给证明者，从而大大地节省了时间和精力。据说，当时鉴定者把上面的复函标准格式通知书分发给他们的学生填写和邮寄，从而又进一步地减轻了鉴定、回信的负担。

尽管有无数人向鉴定部门寄去他们的成果，声称自己已经证明出“费马假说”，然而，经过鉴定，他们都是错误的。

当时，有一位名叫勒贝格（Lebesgue，1875—1941）的法国著名数学家，在晚年也从事证明“费马假说”的工作。他曾经向法国科学院递交了一篇论文，声称自己已经彻底证明了“费马假说”。法国科学院接到勒贝格的论文以后，非常高兴。他们认为，“费马假说”由法国人提出来，又由法国人证明出来，这是法国的骄傲。但是，经过许多数学家仔细审阅后，法国科学院只能扫兴地宣布，他也犯了错误，他的证明也是不成功的。虽然勒贝格接到退稿时说自己可以改正其中的错误，但是，直到他逝世为止，错误还是没有被改正过来。

在数以千计的“证明论文”中，有不少是滥竽充数之作。

请看下面的“证明”过程：

已知 $a^2+b^2=c^2$，现在又假设

$a^n+b^n=c^n$，则必须 $n=2$。

我们已经知道，“费马假说”的内容是：当 $n>2$ 时，方程 $X^n+Y^n=Z^n$ 没有正整数解。然而，在上面的“证明”中，没有证明“费马假说”，没有证明方程 $X^n+Y^n=Z^n$，而是直接假设它成立。这样，把要证明的对象当成假设已知的结果，这等于什么都没有证明，什么都没做。这就像要证明球是圆的而又假设球是圆的一样可笑。另外，即使假设 $a^n+b^n=c^n$ 成立，但又要求 $n=2$，这与“费马假说”内容不相符合（“费马假说”要求 $n>2$）。很显然，上面的“证明”纯属空绕圈子，什么结果也得不到（也不会有什么结果），不是真正的科学证明，而是在搞游戏。

还有的证明者在第一次被指出错误之后，还一次又一次锲而不舍地把自己的证明成果寄给鉴定部门，要求继续审查和鉴定。本来，要求审查、鉴定的论文就够多的了，这些粗制滥造和重复的申请更增加了鉴定部门的负担，使得有些鉴定专家筋疲力尽。

数学家丹吉格曾经十分遗憾地指出：“我们非常赞许这些人的热情，但是，可惜得很，他们之中的大多数人都对于前人的成果毫无所知，甚至连库麦（一位数学家）那样创造性的贡献也不了解。当然，并不是说非要应用库麦的方法才行，不过，毕竟他已经替我们进行这方面的研究数十年。”

尽管数学家、数学爱好者、政府官员等许多人都接连不断地把自己的证明成果寄到鉴定审查部门，争当“费马假说”的第一证明人，尽管鉴定部门中负责审查鉴定的专家尽心尽力地为发现“费马假说”的第一

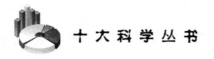

证明人而不断地忙碌着，但是，仍然没有成功。一次次地证明，一次次地申请，一次次地鉴定，一次次地发生错误，一次次地失败！……“费马假说”上的皇冠，辉煌的荣誉，巨额的奖金，吸引着无数个“敢吃螃蟹的人”去证明，去解谜，去努力！

（三）战争爆发，证明受影响

时光在证明者和鉴定者的努力奋斗中流逝着。正当人们继续为证明“费马假说”而努力的时候，第一次世界大战爆发了。战争的烽火把许多青年人从科学研究领域引向硝烟弥漫的战场。这时，证明“费马假说”的人大大减少，鉴定部门也因此减轻了许多负担。但是，仍然有许多数学家坚持不懈地证明“费马假说”。因此，在这一时期，证明“费马假说”的人数虽有所减少，但由于剩下的大都是一些终身致力于科学研究的数学家，所以鉴定部门收到的论文的质量和水平反而有了显著的提高。

战争在继续进行着，“费马假说”的证明也在艰难中继续进行着。那些在战争岁月中依然不放弃证明“费马假说”的数学家以自己的智慧和努力使得科学研究得以持续发展。

（四）奖金贬值，证明受挫

1918年11月，第一次世界大战结束了。数学家们以为从此以后能有一个安定的环境让他们能够全力以赴地去继续证明“费马假说”了。

然而，事实并非如此！战败后的德国在战后处于一片动荡混乱的状态之中，发生严重经济危机和通货膨胀，德国马克不断贬值，一本在1920年售价为64马克的《数学年鉴》到1923年底竟要花28000马克才能买到！

少年朋友们可以计算一下，如果28000马克仅能买一本《数学年鉴》，那么，上面提到的数学家佛尔夫斯克尔捐赠的10万马克能买几本像《数学年鉴》这样的书呢？原来被看做是巨额奖金的10万马克，到现在仅值几本书的价格，已经大大贬值了！

巨额奖金的大幅度贬值，严重地挫伤了那些为获得10万马克巨额奖金而证明“费马假说”的人的积极性。他们不再继续证明“费马假说”，而去从事其他方面的科学研究，或者去从事其他工作。于是，证明“费马假说”的人数又减少了。

当德国马克还没有贬值的时候，10万马克对于一个人来说，的确是一个不小的数字，也是一个发财的好机会。然而在马克大幅度贬值的情况下，干什么都比证明“费马假说”合算。正如英国数学家莫德尔劝告那些把证明“费马假说”当成发财机会的人所说的那样：“如果你想发财，任何方法都比证明‘费马假说’容易得多。”

但是，对于真正立志献身于科学的人来说，巨额奖金并不是研究“费马假说”的唯一目的和动力。他们在困窘之中还是坚持不懈地追求真理，没有停止攀登科学高峰的脚步。他们坚信，谁能坚持到底，谁就能笑到最后。

（五）证明取得了阶段性成果

至此，有的少年朋友会问：“费马假说”最后得到证明了吗？谁第一个证明了“费马假说”呢？

首先，数学家们把证明方程 $X^n+Y^n=Z^n$ 分解为证明方程 $X^4+Y^4=Z^4$ 和方程 $X^p+Y^p=Z^p$（$p$ 是奇素数）。

数学家们在研究过程中发现，要证明方程 $X^n+Y^n=Z^n$（$n>2$）没有正整数解，只需要证明方程 $X^4+Y^4=Z^4$ 和方程 $X^p+Y^p=Z^p$（$p$ 是奇素数）都没有正整数解就可以了。这样，就大大促进了对“费马假说”的证明。

其次，许多数学家在证明“费马假说”的过程中，取得了阶段性的成果。

瑞士著名数学家欧拉（Euler，1707—1783）曾经运用“无穷递降法”证明出了当 $n=3$、$n=4$ 时，方程 $X^3+Y^3=Z^3$ 和方程 $X^4+Y^4=Z^4$ 没有正整数解。

19 世纪，法国著名数学家勒让德（Legendre，1752—1833）和德国数学家狄利克雷（Dirichlet，1805—1859）同时证明了当 $n=5$ 时，方程 $X^5+Y^5=Z^5$ 没有正整数解。不久，数学家拉美（GrabrielZamé，1795—1870）证明了当 $n=7$ 时，方程 $X^7+Y^7=Z^7$ 没有正整数解。

1844 年，德国数学家库麦（Ernst Edusrd Kummer，1810—1893）创立了“理想数论”。1849 年，他证明了当 $p<100$ 时（$p=37$、59、67 这三个数除外），方程 $X^p+Y^p=Z^p$ 没有正整数解。

以后，数学家谢尔弗力基（J. L. Selfridge）、尼可（G. A. Nicol）以及凡第弗（H. S. Vandiver）等人证明了当 $p<4002$ 时，方程 $X^p+Y^p=Z^p$ 没有正整数解。

随着电子计算机技术的产生与发展，人们证明“费马假说”的进程大大加快了。数学家瓦格斯塔夫（Sanuel S. Wagstaff）在计算机技术的帮助下，证明了当 $2<p<125000$ 时，方程 $X^p+Y^p=Z^p$ 没有正整数解。这就是说，当 $p$ 为从 2 到 125000 之间的任意一个奇素数，方程 $X^p+Y^p=Z^p$ 都没有正整数解。

到了 20 世纪 40 年代，对“费马假说”的证明又有了更大的突破，数学家们证明了当 $2<p\leqslant 253747887$ 时，方程 $X^p+Y^p=Z^p$ 没有正整数解。

从上面的事例中，少年朋友已经知道，数学家们通过自己的努力，不断地向“费马假说”所设下的“迷宫”逼近，他们在为最终证明“费马假说”而努力奋斗的征途上，留下了一个个闪光的足迹。

（六）希尔伯特因何不证明“费马假说”

有一位名叫希尔伯特（David Hilbert，1862—1943）的德国著名数学家曾经宣布自己能够证明“费马假说”，但他不去证明，也没有把他的证明过程和结果公开发表。

那么，希尔伯特为什么能够证明“费马假说”却不去证明它呢？难道他不重视这个假说？认为它不值得证明？

恰恰相反，希尔伯特高度重视“费马假说”。1900 年，希尔伯特在巴黎国际数学家代表大会上，提出了 23 个最重要的数学问题，在当时的数学界产生了强烈的反响。后来，人们把这 23 个数学问题称为“希

希尔伯特

尔伯特问题”。希尔伯特虽然没有把“费马假说”列入他所提出的23个问题之中，但他却把它作为一个典型的例子来看待。他认为，“费马假说”是一个非常特殊、十分重要的数学难题，如果解决了这个问题，将会促进数学科学的迅速发展。

有的少年朋友可能又问，既然希尔伯特十分重视“费马假说”，那么，他为什么不证明它呢？难道他不知道如果证明了“费马假说”，就可以获得很高的荣誉，同时又能获得上面提到的奖金吗？难道他也像一般人那样，看到德国马克贬值就不想证明“费马假说”了吗？

希尔伯特是一位伟大的数学家，是一位以追求科学真理为自己人生最终目标和动力的人。因此，他不会因奖金价值下降而不去证明“费马假说”。他之所以不去证明“费马假说”，自然有他自己的想法。他认为，证明“费马假说”的真正价值，不只在于解决“费马假说”本身这一个问题，而是在证明“费马假说”的过程中，能够发现其他意想不到的数学问题。这就是说，可以由“费马假说”这一个问题引出许多数学问题。如果把这些问题都解决了，那么，就能更好地推动数学科学向前发展。

希尔伯特把“费马假说”比喻成一个要加工制造的产品。他认为，在加工制造“费马假说”这种特殊“产品”的过程中，会得到许多有益的“副产品”，如果提前把“费马假说”这个“产品”加工制造出来了，那么就不可能得到其他“副产品”了。

希尔伯特还把“费马假说”比喻成一只能生出许多金蛋的“母鸡”。他指出，如果我们提前证明出“费马假说”，那么就等于把这只会生金蛋的“母鸡”提前杀了，这样一来，我们就再也不可能获得更多的“金蛋”了。因此，他曾经满怀深情地说：“我们应更加注意，不要杀掉这只经常为我们生出金蛋的‘母鸡’。”

究竟希尔伯特能不能证明“费马假说”，还是已经证明出“费马假说”但却不愿意过早公之于世，我们还不知道。但是，通过考察自“费马假说”产生以来，数学家们努力证明它的历史过程，我们发现，希尔伯特虽然没有公布他的证明成果，但他对“费马假说”的上述认识却是很有道理的。

华罗庚

1742 年，德国著名数学家哥德巴赫（ChrisrianGoldbach，1690—1764）在给瑞士数学家欧拉的通信中提出了下列猜想：“每一个大于 2 的偶数都是两个素数的和。”例如，4＝2＋2，6＝3＋3，48＝29＋19，100＝97＋3，等等。这个猜想就是数学史上著名的“哥德巴赫猜想”。

1938 年，我国著名数学家华罗庚（1910—1985）证明了“几乎全体偶整数都能表示成两个素数之和”的数学命题。

陈景润

1966 年，我国青年数学家陈景润（1933—1996）证明了“每一个充分大的偶数都能够表示为一个素数及一个不超过二个素数的乘积之和”的数学命题。这个命题简写成：偶数＝（1＋2）。这个数学定理被称为“陈氏定理”。

上面所说的那些数学命题都与“费马假说”有着直接或间接的关系，也可以说是由“费马假说”产生出的“副产品”，生出的“金蛋”。

直到1998年，这个困扰了全球数学家们长达三百多年的数学之谜终于有了完满的解释。任职于美国新泽西州普林斯顿大学的英国人安德鲁·威尔斯证实了“费马假说”。他因此而获得了费萨尔国王奖和沃尔夫数学终身成就奖。

# β射线的能量分布为何是连续的

## ——泡利的“中微子假说”

少年朋友们大都知道这样一些自然常识：宇宙万物都是由物质组成的，整个自然界是物质世界；物质又是由分子组成的，分子是保持物质性质的能够独立存在的微小粒子；分子又是由原子组成的，原子是物质进行化学反应的基本粒子；而原子又是由带正电的原子核和围绕原子核进行旋转运动的电子组成的；原子核则又是由质子和中子组成的，原子核位于原子的中心，它几乎集中了原子的全部质量。人们把由分子、原子、电子等构成的世界叫做微观世界，而把由地球上的物体、行星、恒星、星系等构成的世界叫做宏观世界。

学习了物理学尤其是原子核物理学以后，少年朋友们还会知道：所有物质的原子核并非都是一样的。大多数原子核比较稳定，有的原子核则不稳定（如一些放射性物质铀、镭等的原子核）。这些不稳定的原子核会发出一些射线，它本身又会变成另一种原子核。现代物理学研究表明，这些不稳定的原子核会发出三种射线：α射线、β射线、γ射线。原子核在向外发射出这些射线的同时，还向外释放能量。通过现代物理学研究又知道：原子核在放出α射线和γ射线时，它们的能谱（就是指能量的分布）都是不连续的，都是间断的；但是，当原子核放出β射线时，它的能谱却是连续的。这就是说，原子核在放出α射线、γ射线和β射线的时候，出现了两种截然不同的现象。

那么，为什么会出现这种异常现象呢？β射线的能谱为什么是连续的呢？难道仅仅是由于β射线与其他两种射线不同的缘故吗？除此之外，是否还会有其他原因？

围绕着这个问题，许多物理学家进行了反复研究，提出各种观点。奥地利科学家泡利（W. Pauli，1900—1958）提出了“中微子假说”，对这个问题进行了科学的解释，同时，他预言了中微子的存在。在他的启示下，物理学家们发现了中微子，从而进一步促进了粒子物理学的发展。

## 一、“中微子假说”形成的历史背景

在泡利创立“中微子假说”之前，科学家们就完成了以下一系列重大研究成果。

1895年，德国物理学家伦琴（W. C. Röntgen，1845—1923）发现了X射线，并于1901年获得了诺贝尔物理学奖；1896年，法国物理学家贝可勒尔（Becquerel，1852—1908）发现了放射性元素（居里夫妇也发现了放射性元素镭和钋），并于1903年获得了诺贝尔物理学奖；1897年，英国物理学家汤姆生（J. J. Thomson，1856—1940）发现了电子，并于1906年获得了诺贝尔物理学奖。以上三项发现被认为是19世纪末和20世纪初期物理学领域中的三大发现。

1900年，德国物理学家普朗克（M. K. E. L. Planck，1858—1947）创立了量子假说；1905年，爱因斯坦（A. Einstein，1879—1955）创立了狭义相对论，1915年，他又创立了广义相对论；1913年，丹麦物理学家玻尔（1885—1962）创立了原子结构理论；1926年，德国青年物理学家海森堡（W. K. Heisenberg，1901—1976）和奥地利物理学家薛定谔（E. Schrödinger，1887—1961）共同创立了量子力学。这些研究成果为“中微子假说”的提出奠定了科学基础。

下面着重向少年朋友介绍一下与“中微子假说”相关的研究成果。

（一）发现 α、β、γ 三种射线

自从伦琴发现 X 射线和贝克勒耳发现放射性元素以后，新西兰籍英国物理学家卢瑟福（1871—1937）就着手研究下面的问题：放射性元素所发出的放射线究竟是一种什么样的射线？

1899 年，卢瑟福通过研究发现，放射性元素发出的放射线是由两种带电的射线组成的，一种射线是带正电的射线，卢瑟福把它叫做 α 射线（读“阿尔法”射线）；另一种射线是带负电的射线，卢瑟福把它叫做 β 射线（读“贝塔”射线）。卢瑟福还发现，α 射线是由氦原子组成的粒子流；β 射线是由电子组成的电子流。

青年时代的卢瑟福

1900 年，法国化学家维拉德（Villard，1860—1934）通过研究发现，放射性元素除了发出 α 射线和 β 射线以外，还发出第三种射线，这种射线不带电，它是由光子组成的光子流，他把它叫做 γ 射线（读“伽马”射线）。

于是，人们知道，放射线性元素共发出 α、β、γ 三种放射线。这三种射线都具有较强的穿透能力。其中，γ 射线的穿透能力最强，它不仅能穿透 1 厘米厚的铅板，还能用于照相；α 射线的穿透能力最弱，它仅能穿透小于 1/50 毫米厚的铅片，但却拥有巨大的能量；β 射线的穿透能力在它们之间。

卢瑟福因为发现了 α 射线和 β 射线而荣获 1908 年诺贝尔物理学奖。

此后，卢瑟福和英国科学家索迪（F. Soddy，1877—1956）提出放射性元素衰变理论。

这个理论的主要内容是：放射性物质的原子本身是不稳定的，它们可以自发地放射出射线（α射线或β射线等）和能量，之后，它们又变成另外一种放射性物质的原子，直到最后它们变成一种稳定的原子为止。这个过程被叫做放射性元素的“衰变”（也叫嬗变）过程。放射线元素衰变的多少不随时间变化而变化，它只与放射性元素自身的特点和性质有关，与其他因素无关。

例如，放射性元素铀在发生衰变后，变成了放射性元素镭；镭在发生衰变后，又变成了氦和氡两种元素。这些放射性元素在发生衰变的同时，会放射出α射线或β射线和大量的能量。

如果放射性元素在衰变过程中放射出的射线是α射线，这个过程就叫做“α衰变”；如果放射性元素在衰变过程中放射出的射线是β射线或γ射线，这个过程就叫做“β衰变”或“γ衰变”。

到1907年为止，物理学家们通过放射线性元素的衰变，分离出了三十多种放射性元素。

卢瑟福等人创立的放射性元素衰变理论证明：原子或元素都是可以相互转变，而不是固定不变的。从而打破了以往认为原子或元素都是固定不变的传统观念，标志着人类在认识微观世界物质及其运动规律方面又深入了一步。

（二）发现质子和中子

质子和中子是在原子核被发现之后才被发现出来的。

1909年，卢瑟福做了一个名叫“α散射”的实验。他用α粒子（α射线由α粒子组成）作“炮弹”去轰击金属箔，以便观察α粒子在穿透金属箔的过程中，它的运动有什么变化。结果他发现，绝大多数α粒子在穿透金属箔以后，它们的运动没有发生变化，只有一小部分α粒子发生很小的变化，还有极少的一部分α粒子在穿透金属箔时，被反弹回来。

卢瑟福对上面的观察进行了分析。他想：大多数α粒子穿透金属箔后的运动没有变化，说明金属箔的原子内部的大部分是空的，α粒子在经过原子时，畅通无阻。但为什么有的α粒子被反弹回来呢？α粒子具有很大的能量和质量，要把它反弹回来，需要有比α粒子更大的能量和质量。这就好比两个钢球互相撞击时，只有能量和重量都很大的大钢球才能把小钢球撞回去。

那么，原子内部能够反弹α粒子的，究竟是一种什么样的东西呢？

卢瑟福通过反复实验研究发现，原子内部除了含有电子以外，还有一个质量很大，体积很小的粒子，α粒子正是被这个粒子反弹回去的。他把这个粒子叫做"原子核"，原子核就这样被发现出来了。原来，原子是由原子核和电子组成的。

原子核被发现以后，物理学家们并不感到满足，难道原子核就是最小的粒子吗？它的内部还有其他粒子吗？于是，物理学家们通过研究，又发现了质子和中子。

1. 发现质子。

伦琴发现X射线是从研究"阴极射线"开始的，"阴极射线"是由德国物理学家哥尔德施泰因命名的。

1886年，哥尔德施泰因在研究阴极射线时，发现了与它相对的"阳极射线"，阴极射线与阳极射线的运行方向恰好相反。英国物理学家汤姆生把这种阳极射线起名叫做"正射线"。他通过进一步研究又发现，这种射线也是由粒子组成的。这些粒子带正电，它的质量和所带电量与氢离子相同。

1914年，卢瑟福用阴极射线射击氢原子，把氢原子中的电子射掉，只留下一个氢原子核。卢瑟福建议把氢原子核叫做"质子"。质子带正电，它的质量等于电子的1836倍，是$1.67\times10^{-24}$克。可见，上面所说的"阳极射线"是由质子组成的。

这样，物理学家们认为，原子核中有带正电的质子，整个原子是由质子和电子组成的。然而，不久，当他们发现中子以后才知道，这种认识是不正确的。

2. 发现中子。

这个发现是由卢瑟福的学生、英国物理学家查德威克（J. Chadwick，1891—1974）完成的。

1930年，德国物理学家博特（W. Bothe，1891—1957）和他的学生贝克（H. Becker）用α粒子作“炮弹”轰击金属铍。结果，他们发现，铍被轰击后，产生出一种穿透力很强的射线。他们便认为，这种射线就是前面所介绍过的γ射线（因为γ射线也具有极强的穿透力）。

1932年，居里夫人的女儿和女婿约里奥-居里夫妇（Irène Joliot-Curie，1897—1956；F. Joliot-Curie，1900—1958）重复做了上面的实验。他们用博特发现的新射线去轰击石蜡（石蜡中含有很多氢原子），结果发现，石蜡中的质子被新射线打了出来。他们虽然感到很惊奇，但并没有对它做进一步研究，仍然认为这是γ射线把质子打出来的，从而错过了发现中子的大好时机！

约里奥-居里夫妇公布的实验结果立即引起了查德威克的注意。他意识到博特和约里奥-居里夫妇的解释是不正确的，这种新射线虽然具有很强的穿透能力，但它不是γ射线。

查德威克分析认为，要把质子从氢原子中打出来，需要有很大的能量和质量。而γ射线虽然具有很强的穿透力，但它本身没有质量，所以，它根本不可能把质子打出来。这就像不可能用乒乓球把足球撞到空中一样。

那么，这种新射线究竟是什么呢？

查德威克认为，这种新射线是由一种新粒子组成的。这种粒子具有很大的质量，它本身不带电，是中性粒子。他把这种新粒子叫做“中子”。

中子的发现，使人们对原子核结构的认识又迈进了一步，使人们认识到，原子核是由质子和中子组成的，从而为建立科学的原子核结构理论作出了巨大贡献。查德威克也因为发现中子而荣获1935年的诺贝尔物理学奖。相反，约里奥－居里夫妇却因为错过了发现中子的机会而抱憾终身。

## 二、“中微子假说”的形成

（一）从β衰变谈起——由两个问题所带来的困惑

中子被发现以后，物理学家们通过进一步研究又发现，中子并不是一种稳定的粒子，它会放射出电子，自身变成质子，同时向外释放能量。德国青年物理学家海森堡把原子核内一个中子放出一个电子变为一个质子的过程叫β衰变过程。

然而，物理学家们在研究中子的β衰变过程时，发现了以下两个问题。

第一个问题：在β衰变时，它的能谱是连续的。而物理学家们在研究原子核进行α衰变和γ衰变时发现，原子核释放α射线和γ射线的能谱都是不连续的。为什么偏偏在β衰变中，原子核里的中子释放电子（β射线是由电子组成的）时β射线的能谱却与α射线和γ射线的能谱不同呢？这个问题使物理学家们深感困惑。

第二个问题：在β衰变时，衰变前后的能量不是守恒的，它不符合能量转化和守恒定律。

能量转化和守恒定律是由德国医生迈尔（J. R. Mayer，1814—1878）、英国业余物理学家焦耳（J. P. Joule，1818—1889）和律师格罗夫（W. R. Grove，1811—1896）等人各自独立发明出来的一个热力学定律，它被恩格斯称为19世纪自然科学三大发现之一（另外两大发现分别是细胞学说和进化论）。

这个定律的具体内容是：自然界中的一切物质都具有能量，能量有各种不同的形式，它能从一种形式转化为另外一种形式，而转化前后的能量总和始终保持不变。

例如，我们每天吃的食物中存在着大量的能量。当我们把食物吃进肚子里以后，通过胃、肠等各种消化器官的消化和吸收，食物中的能量就被我们人体吸收，用于学习、工作、生活等各方面。在这个过程中，食物中的能量（被称为化学能）就被转化为动能（如进行各种活动）、热能（保持身体恒温）等各种形式。但在转化前后，它们的能量总和始终保持不变。现在假设我们吃进食物能量是 10，那么，我们人体产生出的各种能量总和也一定是 10。

能量转化和守恒定律被认为是一条普遍的定律，它不仅适于宏观世界的物体运动，而且也适于微观世界的粒子运动。因此，在研究 β 衰变时，物理学家们便断定，能量转化和守恒定律也应该适合于 β 衰变。

但是，实验结果却与物理学家们预料的恰恰相反。中子在进行 β 衰变过程中，衰变后的能量比衰变前的能量少。也就是说，中子在衰变过程中，前后的能量并不相等，而是发生了变化。

为什么会出现这种现象呢？难道能量转化和守恒定律真的不适合于微观粒子运动，不适合于中子的衰变吗？这个问题又使物理家们感到困惑不已。

问题是科学研究的先导，也是促使科学家们研究探索的一个重要动因。于是，物理学家们纷纷进行研究，都想找出问题的答案。

（二）创立“中微子假说”——预言中微子的存在

1930 年，奥地利科学家泡利大胆地提出了“中微子假说”，解决了困扰物理学家的上述难题。

泡利于 1900 年生于奥地利首都维也纳城。1921 年，他毕业于慕尼黑大学并获得了哲学博士学位。他先后在哥本哈根大学、汉堡大学等高

泡利

校任教。

1925年，泡利提出了举世闻名的一条科学原理：在一个原子中，不能有两个或更多的电子处在完全相同的状态。这个原理对量子力学和元素周期律的建立起到了巨大的作用。人们为了颂扬泡利所取得的巨大成就，就把这个原理叫做“泡利不相容原理”，泡利本人也因此被人们赞誉为“天才神童”“上帝的鞭子”。

“中微子假说”是泡利在给参加“图宾根物理讨论会”（1930年12月4日召开）的科学研究者们的一封公开信中提出的。

他在信中说，中子在进行β衰变的过程中，在放射出电子（形成β射线）的同时还释放出了一种新的粒子。这种新粒子的质量极小，它本身不带电，它与其他物质之间的相互作用很弱，所以，我们根本看不到它，也无法探测到它。这种粒子在被释放出去的同时，也带走了一部分能量。

泡利在他的“中微子假说”中，预言了另外一种新粒子——“中微子”的存在。如果真有这样的新粒子，那么，上面让物理学家们困惑的两个问题就迎刃而解了。

其一，中子在衰变过程中，除了释放电子以外，还释放一种看不见的新粒子，这种新粒子带走了一部分能量。由于这种粒子和它所带的能量都观测不到，但它又确实存在，也对β射线（由电子组成）的能量分布产生影响，因此，在这种新粒子的影响下，β射线的能谱由原来应该是不连续变成现在可看到的连续的了。换句话说，如果不存在这种新粒子，那么，中子在衰变过程中所释放的β射线的能谱也应该是不连续的。可见，中子的衰变过程与“量子假说”在本质上并没有发生矛盾。

其二，中子在衰变过程中，除了释放电子以外，还释放一种新粒子，它又带走了一部分能量。如果再把这种新粒子所带走的能量加上，那么，中子在衰变后所释放的能量总和（它是中子释放电子的能量、新粒子的能量以及自身转变为质子的能量的总和）就与中子在衰变前的能量（这种能量存在于中子内）相等。可见，中子在衰变过程中，能量变化也是符合能量转化和守恒定律的。

泡利在论述他的“中微子假说”时，曾经把他预言的新粒子叫做“中子”。但由于查德威克已经于1932年发现了“中子”，因此，为了不使这两种粒子在名称上重复，给人们带来认识上的混乱，意大利物理学家费米（E. Fermi，1901—1954）便主张把泡利所说的“中子”改名为“中微子”，以便把它与查德威克发现的“中子”区别开来。他在一次学术报告中说：“查德威克的中子大，泡利的中子小，还是把它叫中微子吧。”

1933年，费米根据泡利的“中微子假说”，又提出了“β衰变的定量理论”。他指出，自然界除了存在万有引力和电磁力以外，还存在第三个相互作用力，这就是弱相互作用力。β衰变就是原子核内的一个中子通过弱相互作用力，衰变成一个质子、一个电子和一个中微子的过程。

至此，β衰变问题终于解决了。这主要归功于泡利创立的“中微子假说”，它再一次维护了“量子假说”和能量转化和守恒定律的科学性。更重要的是，泡利预言了“中微子”这个新粒子的存在，使人们更加相信基本粒子也不是不可分的，物质是无限可分的。

泡利对物理学乃至整个科学所做出的贡献赢得了人们的赞誉。他曾经先后被聘请为英国皇家学会和瑞士物理学会以及美国物理学会的会员，1945 年，他又获得了诺贝尔物理学奖。

然而，泡利虽然预言了“中微子”的存在，但他并没有发现中微子，他甚至还说，中微子是永远测不到的。那么，中微子难道真的就测不到吗？于是，物理学家们又开始走上发现中微子的漫漫征程。

## 三、中微子的证实与发现

### （一）证实中微子的存在——王淦昌的贡献

在实际发现中微子之前，首先必须证实中微子的存在，以检验泡利“中微子假说”的正确性。在这方面，我国著名的核物理学家王淦昌（1907—1998）作出了杰出的贡献。

王淦昌是江苏常熟市人，1929 年毕业于清华大学物理系。1930 年到德国柏林大学学习，1933 年获得博士学位。当泡利提出“中微子假说”的时候，王淦昌正在德国学习。王淦昌决心要通过实验证实中微子的存在，以验证“中微子假说”。他通过反复研究，终于找到了证实中微子存在的方法，那就是用铍原子核俘获原子中最内层电子。王淦昌把它写成论文，于 1942 年在美国的学术刊物《物理评论》上公开发表。

同年 6 月，美国物理学家艾伦（J. S. Allen）按照王淦昌提供的方法进行了实验研究，果然证实了中微子的存在。这个消息被传出后，立

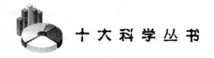

生活中的王淦昌先生

即在当时的物理学界产生了极大的反响，被认为是 1942 年世界物理学界中的一大新闻事件。王淦昌为证实中微子的存在作出了巨大贡献。

有的少年朋友可能要问，王淦昌既然自己发现了证实中微子存在的方法，为什么他自己不亲自通过实验证实，反而让外国人证实呢？

当时，王淦昌已经离开德国回到了祖国。那时正值抗日战争时期，兵荒马乱，因此，王淦昌虽然发现了证实中微子存在的方法，却无法做实验证实。面对当时困难的状况，王淦昌只好先在论文中发表自己的研究成果。他把论文寄给了当时的《中国物理学报》编辑部，打算在国内杂志上公开发表。然而，编辑部由于出版经费困难，只好忍痛割爱，把论文退给了王淦昌。为了尽早把自己的研究成果公布于世，王淦昌只好把论文寄给了美国《物理评论》编辑部，在美国发表了。可见，科学研究与国家的富强同样是密切相关的！

王淦昌除了在证实中微子存在方面作出巨大贡献以外，在其他领域也取得了重大研究成果。1959 年，他在苏联杜布纳联合原子核研究所领导一个研究小组，在世界上首次发现了一种微观粒子——反西格马负超子；1964 年，他独立地提出了用激光打靶实现核聚变的设想，使我国在激光促使核聚变研究方面走在了当时世界的前列；1984 年，他又领导开辟了氟化氪准分子激光惯性约束核聚变研究的新领域。此外，他还参加了我国原子弹、氢弹等核武器的研制。1986 年 3 月，王淦昌与其他科学家们一起，制定了发展我国高新技术的重大科学计划——“863 计划”，为我国高新技术的发展开创了新局面。

王淦昌以他优异的研究业绩，获得了许多荣誉。他先后被选为中国科学院资深院士，九三学社中央参议委员会主任，中国科学技术协会副主席，中国核学会理事长，第三、第四、第五、第六届全国人大常委会委员。

王淦昌不仅是一位伟大的科学家，也是一位伟大的教育家。他十分关心和支持教育事业，1982 年，他把自己获得的 3000 元奖金全部捐赠给了原子能所子弟学校。他说：“发给我的奖金 3000 元，我自愿全部捐献给子弟中小学，愿祖国的娃娃们能茁壮地成长，从而能为娃娃们的父母减少些后顾之忧，为原子能事业多做工作。”在他的感召下，原子能研究所也拿出所里的成果奖金，共同设立了“王淦昌奖学金”。1996 年 4 月，中国原子能研究院又成立了“王淦昌基础教育奖励基金会”，王淦昌又先后捐资 4 万元。王淦昌以他极大的热情和实际行动，为我国的教育事业做出了卓越的贡献。

（二）中微子的发现——莱因斯等人的成果

证实中微子的存在，并不意味着真正发现了中微子。由于中微子本身质量极小，它与其他物质之间的相互作用又极其微弱，因此，通过实验真正捕捉到中微子是极其困难的。这项艰难的工作，由美国物理学家莱因斯（F. Reines）等人于 1956 年完成了。他们是通过探测放射性元素铀发生裂变的过程来捕捉到中微子的。

所谓“裂变”是指原子核分裂成几个其他原子核，并放出中子的过程。要使原子核发生裂变，必须事先用中子作“炮弹”来轰击它。当用中子轰击铀的原子核时，它就分裂成溴和镧两个原子核，同时放出中子。铀裂变后放出的中子又会轰击其他铀原子核，又使它发生裂变放出中子，这个中子又会轰击下一个铀原子核发生裂变……这样，一次用中子轰击铀原子核，就会使它发生一连串的裂变反应，放出许多中子，这样的裂变反应被称为“链式反应”。

铀在发生裂变过程中会释放出巨大的能量。据估计，一个铀原子核裂变后，会释放出 2 亿电子伏的能量！原子弹就是根据这个原理制成的。

铀在裂变过程中会产生出大量的中子。前面已经讲过，中子在衰变过程中，会产生质子、电子和中微子。也就是说，中微子是中子通过衰变产生出来的，中子也就成了中微子的发源地。这样，只要让铀发生裂变产生中子，就可以想办法捕捉到中微子了。莱因斯等人就是这样进行实验的。

当然，莱因斯等人在实验过程中，遇到了许多困难，他们先后经过了三年的艰苦努力，才最终在实验中捕捉到了中微子。这时，已经是泡利创立“中微子假说”之后的第二十六年了！可想而知，物理学家们为了捕捉中微子，付出了多么巨大的代价。

中微子被发现以后，物理学家们又通过研究发现，中微子有许多种类。他们接连发现了电子中微子、$\mu$ 中微子、中微子等各种类型的中微子。

那么，宇宙中究竟有多少中微子呢？现代宇宙学研究发现，我们目前生活的宇宙，是在大约 150 亿年以前的一次宇宙大爆炸中诞生的。宇宙爆炸经过 $10^{-43}$ 秒以后，产生了两种粒子：一种粒子的相互作用力很强，它们相互结合成原子、分子，聚集成星球，形成了太阳和地球等行星，诞生了生物；另一种粒子的相互作用力很弱，它们在太空中四处游荡着，这种粒子就是我们上面所说的中微子。中微子至今仍在宇宙空间存在着，它充满在宇宙中的每一个角落，平均每立方厘米有三百个左

右，比其他所有粒子都多几十亿倍！

1987年2月23日，澳大利亚、智利等国家的天文台发现，在离我们地球16万光年（光年是计算宇宙星体之间距离的单位。光每秒的运行速度约30万千米，一年内所走过的距离叫做一光年，约等于10万亿千米）远处，有一颗超新星爆发（人们把它命名为SN1987A），它在爆发后的几毫秒内产生出$10^{53}$个中微子！另外，有的学者研究发现，太阳每秒钟要放出$1.4\times10^{38}$个中微子。可见，宇宙含有无数个中微子。

（三）太阳中微子为何失踪？——“中微子振荡假说”

少年朋友们大都知道，我们地球上的所有能量都是从太阳那里得来的，万物生长靠太阳。那么，太阳的能量又是怎样产生的呢？现代宇宙学研究表明，太阳是一团高温高压的气体，它主要由氢这种物质组成，氢原子在高温高压的作用下，会发生相互碰撞，发生聚变反应，同时释放出大量能量。太阳每秒钟要产生$3.75\times10^{26}$焦耳的能量，要用掉5.86亿吨的氢，一年要用掉$1.86\times10^{16}$吨的氢。然而，这些氢只占太阳所有氢质量的一百二十二亿分之一！所以，太阳产生的能量可以说是取之不尽、用之不竭的。

太阳在释放能量的同时，也要向外发射中微子，我们把它叫做“太阳中微子”。物理学家们运用电子学方法和放射化学方法已经能够探测到“太阳中微子”了。

然而，物理学家们在研究太阳中微子时，发现了一个问题：理论上计算的太阳中微子数与实际探测到的太阳中微子数不相同，前者比后者要多。也就是说，太阳中微子在从太阳到达地球的半途中有的失踪跑掉了。这是怎么回事呢？

为了回答这个问题，一位名叫蓬捷科尔沃的物理学家提出了一种新的假说——“中微子振荡假说”。他认为，中微子并不稳定，在从太阳到地球的半途中，其中一部分中微子又发生了衰变，变成了另外一种中微子，而这种中微子目前还没有被我们探测到。他把太阳中微子的衰变叫做“中微子振荡”。这个假说虽然回答了上面的问题，但物理学家们在实验中都没有发现“中微子振荡”现象，因此，这个假说还要等待实验的最后检验。

（四）测量中微子的质量

中微子虽然被发现了，但它究竟有没有质量？这成了物理学家们必须解决的问题。然而，不同物理学家在不同时期所测得的中微子质量是不同的。

1948 年，物理学家修文（C. W. Sherwin）测得中微子的质量是零；库克（C. S. CooK）测得它的质量小于 5keV（千电子伏特，它是质量单位）。

1953 年，汉密顿（D. R. Hamilton）测得中微子的质量小于 250eV（电子伏特）。

1954 年，柯费特·汉森（O. Kofoed - Hansen）测得中微子的质量是小于 8keV。

1955 年，斯耐尔（A. H. Snell）测得中微子的质量是小于 6keV。

1972 年，瑞典物理学家勃格维斯特（K. E. Bergkvist）测得中微子质量是小于 60eV。

1980 年，苏联物理学家柳比莫夫（V. Lubimov）测得中微子质量是在 17eV 和 40eV 之间。

1986 年，瑞士物理学家昆迪许（W. Kundig）、日本物理学家川上（H. Kawakami）、美国物理学家鲍乌斯（T. J. Bowles）等人也分别测得中微子的质量分别是小于 18eV、小于 33eV 和小于 29eV。截至 1986 年夏天，已获得了 30000 个测量中微子质量的有效数据，物理学家们经过初步统计认为，中微子质量是小于 30eV。1998 年，日本东京大学的科学家们经过研究确认，中微子有静止质量。

为什么测量中微子质量都各不相同呢？这是因为，中微子有许多种类，每个物理学家测量的中微子种类不同，他们各自所采用的测量技术方法也不同，自然会得出各不相同的测量结果。不过，我们只要把他们各自的测量结果进行综合统计，还是可以计算出中微子的平均质量的，这就是：中微子质量可以认为是零，它的最大值是 10eV。

从世纪之交的物理学三大发现开始到现在，人类对微观世界的研究已经取得了重大成果。物理学家们除了发现了电子、原子核、质子、中子和中微子以外，还发现了正电子、介子、光子、反质子、反中子等三百多种的基本粒子，而且还在继续发现着新的基本粒子。

有的少年朋友可能会问：既然人类已经发现了这么多基本粒子，那么，这些粒子是不是不可再分的最小粒子呢？物质能够无限可分吗？

目前围绕着这个问题学术界展开了激烈的争论。人们对物质的存在及其运动规律的认识是无限的，科学研究是无止境的。只要我们刻苦学习，努力钻研，把有限的智慧和生命投入到无限的科学研究事业中去，就一定会取得辉煌的成果，就能够找到回答这个问题的最终的科学答案，为人类的幸福和科学的繁荣发展作出自己的贡献。

# 宇宙中存在着反物质和暗物质吗

## ——狄拉克的“反物质假说”

我们人类所能看到的一切事物都是由物质组成的，由这些物质组成的世界就是物质世界。物质世界又分为生命物质世界和非生命物质世界。生命物质世界包括一切具有生命的物质，如动物、植物、微生物等；非生命物质世界包括一切没有生命的物质，如水、石、空气等。

然而，科学家们认为，在宇宙中，除了存在上面所说的物质世界，还有一个与物质世界完全相反的世界，他们把这样的世界叫做“反物质世界”。反物质世界是由与上面所说物质相反的物质所组成的世界，他们把这样的物质叫做“反物质”。

另外，科学家们还认为，在宇宙中还存在着一种人类用任何光学仪器都无法观测到的物质，这种物质虽然难以被人们观测到，但它却有很多，它的总质量达到宇宙总质量的90%以上！科学家们把这样的物质叫做“暗物质”。

那么，究竟什么是“反物质”和“暗物质”呢？它们究竟存在还是不存在呢？

20世纪30年代，英国物理学家狄拉克（P. A. M. Dirac，1902—1984）于1931年9月从理论上预言了“反电子”，提出了“反物质假说”。以后，科学家们纷纷研究“反物质”和“暗物质”，试图揭示这个跨世纪的科学之迹。

# 一、从“通古斯卡大爆炸”谈起

1908年6月30日，在苏联西伯利亚的一个名叫通古斯卡的原始森林地区，发生了一次巨大的爆炸。在大爆炸发生之后，科学家们便来到这个地区，对爆炸后的情况进行了考察。然而，令他们深感失望和遗憾的是，在爆炸后的地区除了看见将近2000平方千米巨大的“坑”，再没有发现什么痕迹（还有就是大片的树木倒伏着）。也就是说，这次大爆炸后，没有留下什么可供科学家们研究的实际材料。

然而，科学家们还是不死心，他们继续耐心持久地在爆炸后的地区进行考察与研究。当时，在通古斯卡这个地区居住着埃文基人（一种少数民族的名称）。他们亲眼看到或亲身经历了这次大爆炸。那么，这次大爆炸会不会给这些埃文基人的体质带来影响呢？科学家们对这些埃文基人子女的血液进行了化验研究。结果，他们发现埃文基人体内血液中的因子在爆炸前后发生了根本性的变化。在爆炸前，埃文基人体内血液中的因子是正因子，但在爆炸后，他们体内血液中的因子却是负因子。这就是说，大爆炸虽然没有在表面上留下什么痕迹，但却给人体的血液组成带来了很大影响。

发生这次大爆炸的原因究竟是什么呢？对此科学家们纷纷进行了研究，先后提出了一百多种科学假说！有的科学家认为，这次大爆炸是彗星以每秒40千米的速度闯入地球，并和地球上的大气层发生摩擦引起的；有的科学家认为，这次大爆炸是外星人乘坐“飞碟”（一种不明飞行物）在来地球“旅行”途中不慎坠毁产生的；还有的科学家认为，这次大爆炸是一种“反物质”发生的爆炸，而不是像我们看见的一般物质的爆炸。所以，它没有给人们留下什么可以看得见的遗迹或痕迹。虽然关于发生这次大爆炸的最终原因仍然没有明确的结论，但它开始引起科学家们对反物质问题的思考。

## 二、“宇宙大爆炸假说”的启示

我们的宇宙是如何产生的呢？1948年，美国物理学家伽莫夫（G. Gamov，1904—1968）在总结前人研究成果的基础上，提出了“宇宙大爆炸假说”（参阅“宇宙大爆炸假说”）。他认为，我们的宇宙是在150亿年前发生的一次大爆炸中产生的。以后，科学家们纷纷对这个科学假说进行了研究，又提出了各种思想甚至想象。

有的科学家认为，宇宙在发生大爆炸以后，除了生成目前包括地球在内的天体以外，还产生大量的粒子——中微子（参阅“中微子假说”），这些中微子至今还在宇宙中四处游荡着，它本身没有质量，人们也很难观测到它。有的科学家把它看成是一种“暗物质”。

还有的科学家认为，在大爆炸时，宇宙产生出了两种截然相反的物质，一种是正物质，另一种是反物质。正物质和反物质的质量基本相等，但是，它们各自具有不同的电性，或相反的电性。假如正物质带有正电，那么反物质就带有负电。这样，如果正物质和反物质相遇或者相互碰撞，它们就会立即转化成一种射线（这种射线被称为$\gamma$射线），然后，正、反两种物质便转化为其他粒子。科学家们把这种过程叫做“湮灭”。

湮灭和消灭不同。消灭是指物质完全消失，而湮灭则不是指物质完全消失。这就是说，当正物质与反物质发生相互碰撞时，它们会转化为其他种微观粒子，同时向外释放出大量能量。

根据上面的说法，少年朋友们会猜想：我们看见的地球和太阳等物质是正物质，同时在遥远的地方还有与它们相对的“反地球”和“反太阳”等反物质。也就是说，宇宙在发生大爆炸以后，便同时产生了像地球和太阳这样的正物质和像“反地球”和“反太阳”这样的反物质。

既然正物质和反物质相遇时，会发生湮灭现象，那么，就不应当只存在我们现在所能看到的正物质而不存在我们看不到的反物质。

苏联物理学家萨哈罗夫对上面的问题进行了研究。他认为，在宇宙发生大爆炸的瞬间，产生出的正物质和反物质的质量虽然彼此相等，但是，在它们之间却存在着微小的不对称。也就是说，正物质与反物质之间的比例不是10亿个比10亿个，而是10亿零1个比10亿个。其中，10亿个正物质与10亿个反物质在相互碰撞中发生了湮灭，剩下的只有1个粒子，我们今天的宇宙物质世界，就是由这1个粒子经过漫长的演化过程而产生和形成的。

那么，为什么宇宙发生大爆炸时产生的正物质比反物质多，而且又只多出这么一点点呢？为什么反物质又比正物质少这么一点点呢？对

此，萨哈罗夫没有进行解释。科学家们自然很难相信他的说法，也很难通过科学实践去证实他的观点。

然而，科学家们坚信，宇宙在发生大爆炸时，一定会在产生出像我们今天所能看到的正物质的同时，又会产生出反物质。而且，这些反物质至今仍然存在于我们的宇宙中。有的科学家认为，这些反物质距离正物质相当遥远，它们存在于距离我们的正物质 3000 万光年以外的宇宙空间中。但令人焦虑的是，这些猜想至今仍未变成现实，人们仍未发现反物质。

## 三、狄拉克的“反物质假说”

狄拉克

狄拉克是英国物理学家，他生于 1902 年，自幼聪明好学，刻苦努力。在大学时代，狄拉克学习的是电工学专业，19 岁的他以良好的学习成绩完成了学业。大学毕业后，他准备抖擞精神，大干一场，用自己所学习到的本领和知识，为社会作贡献，实现自己的远大理想和抱负。然而，当时西方资本主义世界正处在经济危机时期，人们大量失业，工人阶级和资本家之间的矛盾日益尖锐。在这种情况下，毕业后的狄拉克也像千百万工人一样失业了。

面对失业的压力，狄拉克并没有悲观失望，而是以强烈的自信心和使命感重新调整自己的心态和未来的奋斗计划。他想，既然就业不成，何不利用这段时间继续学习其他科技知识，拓展自己的知识面，以便将来在实际工作中更充分地发挥自己的才能呢？于是，狄拉克决定继续留校深造。他先在母校学习数学，以后又转到剑桥大学改学物理学，进一步丰富自己的头脑，增长自己的才干。

剑桥大学是一所历史悠久、举世闻名的高等学府，这里有一流的图书资料、一流的教学及科研设备、一流的教育家和科学家，曾培养出像牛顿这样世界著名的科学家。狄拉克在这里获得了丰富的知识，为他以后成为一名著名的科学家打下坚实的基础。

狄拉克主要是在量子物理学、原子核物理学以及粒子物理学领域中作出非凡贡献。他虽然没有像爱因斯坦那样创立了相对论，但他却为完善和发展相对论作出了突出贡献；他虽然也没有像海森堡、薛定谔那样创立了量子力学，但他却为量子力学的发展作出了巨大贡献。

狄拉克除了在相对论和量子力学方面取得了许多研究成果以外，在物理学领域里，还最先从理论上预言了正电子的存在，创立了“反物质假说”，这是狄拉克一生所获得的最伟大的研究成果。

我们在前面已经向少年朋友们介绍过，电子是一种带负电的粒子，所以，我们也可以把电子叫做负电子。我们周围物质内部的电子大都是负电子，我们所能看到的所有正物质内部的电子也大都是负电子。

那么，狄拉克所预言的正电子是怎么回事呢？

1928 年，狄拉克在研究过程中，提出了一个新的方程。这个方程主要是解决高速运动电子的运动规律问题，人们依靠这个方程，就可以了解高速运动电子的运动状况以及它的自旋状况。它打破了相对论和量子力学之间的隔阂，把这两大物理学理论有机地结合起来了。现在，学者们把这个方程叫做“狄拉克方程”，以纪念他为物理学的发展所作出的贡献。

然而，人们在运用“狄拉克方程”进行计算时，却得到了一个令人费解的结果。这就是，自由运动的电子本身所携带的能量既可以是正的，也可以是负的。也就是说，自由运动的电子，它既能携带正的能量，也能携带负的能量。由此可见，物质不仅有正能量，而且还有负能量。

爱因斯坦在创立狭义相对论过程中，发现了以下新的质能关系式：$E=mc^2$。其中，$E$ 表示物体运动的能量，$m$ 表示物体自身所具有的质量，$c$ 表示物体运动的速度。从这个关系式可以看出，物体的质量与它的能量有密切关系，物体的质量如果发生了变化，就对它的能量产生很大影响。然而在此之前，人们普遍认为物体的质量和他的能量是没有关系的。因此，爱因斯坦通过这个关系式（即质能关系式）把质量和能量联系起来，把能量守恒定律和质量守恒定律联系起来了，从而引起了物理学观念上的又一次重大变革。这也是爱因斯坦在物理学领域中所完成的一项重大发现。

如果把爱因斯坦的“质能关系式”（$E=mc^2$）同上面所说的“狄拉克方程”的结论联系起来，我们就会很容易发现，既然电子的能量有正有负，那么电子的质量也应该有正有负（因为质量与能量有密切关系）。也就是说，电子既可以有正的质量，也可以有负的质量，电子又可以分为具有正的能量和质量的电子和具有负的能量和质量的电子两种。

电子真的具有两种不同类型吗？电子真的有正、负之分吗？既然这样，那么其他粒子甚至原子会不会也有正、负之分呢？整个物质世界会不会也有正、负之分呢？因为物质世界正是由像电子这样的粒子组成的，所以，由电子有正、负之分很容易推导出物质有正、负之分这个结论。倘若真的是这样，那么我们就需要重新认识物质了。一个“狄拉克方程”竟会得出这样能够改变人们传统物质观念的结论。这真是“一石激起千层浪”，“孙悟空”把“天宫”搅乱了！

那么，如何解释、解决这个“怪谬”的问题呢？为此，狄拉克提出了一种新的假说，他把这个假说叫做“空穴假说”。

狄拉克认为，带有负能量的粒子，不是我们一般所认为的普通电子

(普通电子依然带有正能量),而是与普通电子相反的粒子。他把这种粒子叫做“哈哈电子”。也就是说,普通电子带有正能量,“哈哈电子”带有负能量。普通电子和“哈哈电子”各自占据着不同的空间,普通电子可以被我们的实验仪器观测到,而“哈哈电子”则不能被我们的实验仪器观测到。一般我们把不被实验仪器观测到的空间叫做“真空”,意思是什么都没有。其实,狄拉克认为,真空也不是什么都没有的空间,而是被“哈哈电子”充满的空间(只不过“哈哈电子”不被人们观测到而已)。

由于真空已经被“哈哈电子”所充满,因此,普通电子不能离开它们原来的空间而进入到真空中来。另外,在一般情况下,“哈哈电子”在真空中处于稳定状态,不能从真空中跳出来成为普通电子。

然而,一旦“哈哈电子”获得足够的能量,比如,它原来所带的能量是$-mc^2$(负能量,普通电子所带的能量是$mc^2$,这是根据爱因斯坦的质能关系式即$E=mc^2$而言的),当它获得的正能量是(大于)$2mc^2$时,那么它本身所具有的能量就由原来的$-mc^2$,变成$2mc^2-mc^2=mc^2$

（正能量），从而使它成为一种普通电子，从真空中跳出来，进入到普通空间中去。

当“哈哈电子”从真空中跳出来，真空中必然缺少一个“哈哈电子”，在这个电子原来的位置上也必然留下一个“空穴”。这就像在电影院中看一场满座的电影一样，开始时，观众座位上都是满满的，没有空位，但当看到中间时，一名观众因有急事离开自己的座位离场回家，这时，在观众座位上就留下一个空位。我们可以把这名观众比作是“哈哈电子”，把他留下的空位比作空穴。观众离开的同时产生空位，“哈哈电子”离开真空的同时产生空穴。

“哈哈电子”在离开真空变成普通电子的同时，产生了空穴，就是说，电子与空穴同时成对地产生于真空之中。如果电子又回到真空，那么它便与原来留下的空穴相融合，它又由原来的普通电子变成了“哈哈电子”。这时，空穴消失了，“哈哈电子”再也不被人们观测到，也消失了。另外，电子在回到真空并变成“哈哈电子”之前，它必须交出原来所获得的能量（使它又带有负能量）。也就是说，电子与空穴融合时会释放能量，这种能量是以 $\gamma$ 光子的形式释放出去的。

狄拉克认为，由于“哈哈电子”在变成电子的同时在真空中产生了空穴，因此可以把“空穴”看成是带正电的粒子（与带负电的电子相对应）。空穴所带的电荷数量与电子相等，它的质量也与电子相同。

那么，这种空穴究竟是什么样的粒子呢？狄拉克曾经认为，这种空穴是质子（因为质子带正电）。但是，德国数学家外耳（H. Weyl，1885—1955）和美国科学家奥本海默（J. R. Oppenheimer，1904—1967）通过研究否定了狄拉克的观点。他们认为，空穴不可能是质子，因为质子的质量与电子的质量不相等。狄拉克接受了他们的批评，并于1931 年 9 月提出，空穴应该是一种与电子相反的未知新粒子。他把这种新粒子叫做“反电子”。同时，他还提出，还会存在另一种与质子相对的新粒子——“反质子”。

狄拉克从他的“空穴假说”进一步阐述了“反物质假说”。他认为电子与反电子、质子与反质子都是同时存在的，世界上的一切粒子都有它的反粒子，世界上的物质也都有它的反物质，物质与反物质是同时产生、同时存在的。

可见，狄拉克的“反物质假说”是以“狄拉克方程”为先导，以他的“空穴假说”为理论基础产生和形成起来的。“反物质假说”第一次对我们目前物质世界的背后进行了大胆的探索和天才般的预见，为人们进一步探索宇宙物质世界的奥秘起到了积极的引导和启发作用。

当狄拉克把他的上述研究成果和预见向其他物理学家宣布的时候，得到的却既不是赞赏，也不是沉思，而是嘲笑。大多数物理学家并没有从狄拉克的上述假说中获得启发，而只把他的观点当做物理学的大笑话。新的假说即将被牢牢地束缚在传统僵化的理论牢笼之中！

正当大多数物理学家不承认狄拉克的“空穴假说”或“反物质假说”的时候，正当狄拉克为维护自己的科学假说而苦苦探索的时候，一次重大的科学实验以它所得出的客观结论，证实了狄拉克的科学假说。

1932年，美国物理学家安德森（C. D. Anderson，1905—1991）在测量被宇宙射线照射的高能电子运动速度的过程中发现，这些高能电子中的一半电子向一个方向偏转，而另一半则向相反的方向偏转。于是安德森便认为，这些高能电子是由50％带正电的电子和50％带负电的电子混合而成的，这两种电子具有相同的质量。安德森把其中带正电的电子叫做“正电子”。这样，安德森在实验中发现了正电子（也就是狄拉克所预言的“反电子”），证实了狄拉克的“空穴假说”和“反物质假说”。

早在安德森发现“正电子”之前，英国物理学家布莱克特（P. M. S. Blackett，1897—1974）和波兰著名物理学家居里夫人的女儿和女婿约里奥—居里夫妇也先后曾经在实验研究中发现了正电子，但他们都没有注意到它是一种新粒子，因此丧失了一个绝好的良机。

安德森

自从安德森在实验中发现了正电子以后，布莱克特、约里奥—居里夫妇以及法国物理学家季保德（J. Thibaud，1901—1960）先后在实验中观察到了正、负电子在相遇后“湮灭”并产生光子的现象，进一步证实了狄拉克的“反物质假说”。

狄拉克预言正电子和安德森发现正电子既是人们发现大量基本粒子的开始，又显示出物质本身所具有的基本对称性，物质和反物质既可以同时产生，又可以同时“湮灭”，转变成其他形式（如光子）的物质，释放出大量能量，从而给传统的物质结构观念带来了一场深刻的变革。正是由于他们二人在这方面作出了突出贡献，才使他们能够先后获得诺贝尔物理学奖。

自从安德森发现了正电子以后，物理学家们又先后在研究中发现了其他反粒子。

1955 年，美籍意大利物理学家塞格雷（E. G. Segrè，1905—1989）等人利用高能加速器发现了“反质子”；以后，又有科学家发现了“反中子”；1959 年，我国著名物理学家王淦昌等人发现了“反西格玛负超子”；1956 年，美国物理学家莱因斯等人发现了“反中微子”；以后，又有人发现了“反宇宙线介子”“反轻子”；1964 年，美国物理学家盖尔曼（M. Gellmann）等人在前人研究的基础上，发现了基本粒子——“夸克”及其反粒子——“反夸克”。由此，人们普遍认为，所有基本粒子都存在与它们相对应的反粒子，从而更加证实了狄拉克“反物质假说”的科学性。

# 四、反物质与暗物质概说

（一）什么是反物质

从狄拉克的“反物质假说”和科学家们发现的反粒子中，我们可以看出，反物质就是由反粒子组成的物质。具体说来就是，反中子和反质子组成反原子核，反原子核和反电子（即正电子）组成反原子，反原子相互结合，组成反分子，反分子相互结合最后组成反物质。1996年，欧洲核子研究中心与美国费米实验室分别成功地研制出9个和7个反氢原子。这一消息在当时轰动了世界各国的科技界，它说明，反物质的确存在。反物质相互结合，会组成大块的反物质体。比如，反物质会形成像反地球、反太阳等这样的天体，成为宇宙中的另一类物质世界。反物质与正物质使得我们的宇宙表现出一种永恒的美——对称美。

（二）什么是暗物质

从表面上看，暗物质好像是一种不发光的物质。但是，不发光的物质却未必就一定是暗物质。月亮就是本身不发光的天体，我们之所以在地球上看见月亮也能发光，那是因为月亮把太阳照到它身上的光反射给地球。在宇宙中，像月亮这样本身不发光的行星或卫星是很多的，但它们不是暗物质。

那么，究竟什么是暗物质呢？暗物质是指那种本身就不能或不会发光的物质。它们自身不仅不能发光，而且也不会反射、折射或散射光。在宇宙中，这样的暗物质很多，它们的总质量占整个宇宙总质量的90％以上。

早在20世纪30年代，天文学家们（如瑞士天文学家兹威基等）通过天文观测发现，发光星体的质量只占整个宇宙星系质量的一小部分。于是他们断定，宇宙中必定存在着既不发光也不反光的暗物质。他们还

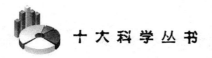

把这种暗物质划分为两种类型：一种是热暗物质；另一种是冷暗物质。热暗物质主要决定宇宙的整体结构，冷暗物质主要决定宇宙内部各个星系或星系团的结构。天文学家们还认为，暗物质对于形成我们今天的宇宙物质起到了很重要的作用。宇宙在发生大爆炸之后需要有强大的引力才能形成今天的各种宇宙天体，而暗物质则恰好具有强大的引力，于是，在这种强大引力的作用下，其他非暗物质相互结合，逐渐形成我们今天这样的宇宙物质世界。

那么在宇宙中，究竟哪些是暗物质呢？对此科学家们进行了各种猜测。

有的科学家猜想，宇宙尘埃可能是暗物质。然而，宇官尘埃可以观测到，并且它们的质量很小，只占恒星质量的1%。因此，宇宙尘埃不可能是暗物质。

有的科学家猜想，宇宙中已经衰老变暗的“死星”或“死星系”可能是暗物质。但是，“死星”或“死星系”不可能很多，它们的质量没有暗物质的质量那样大。

有的科学家猜想，“黑洞”可能是暗物质。“黑洞”是恒星衰老或死亡后遗留下来的残存物，它体积虽然很小，但质量却很大，它还具有很大的吸引力，甚至能把光吸进去。然而，“黑洞”虽然本身不发光，而且质量也很大，但是宇宙中的“黑洞”是不多的，它们的质量也没有暗物质的质量那样大。

大多数科学家都认为，中微子是暗物质。中微子自从宇宙发生大爆炸以后就产生出来了，它至今仍然存在，数量很多，又不易被人们观测到。此外，引力微子、光微子、胶微子、W 微子、Z 微子、超中微子、轴子、磁单极子等都被认为是暗物质。然而，这些粒子只是被人们猜想出来的粒子，至今还没有在实验中发现它们。

总之，反物质和暗物质都是至今没有被人们发现的物质。人们发现的只是像正电子这样的反粒子而没有看见像反地球、反太阳这样的巨型反物质；上述的暗物质也只是由人们猜测出来的，并没有真正看见。看来，如何通过先进的科技手段，在宇宙中探寻到反物质和暗物质，将是摆在科学家们面前的重大课题。

## 五、运用高科技手段探寻反物质和暗物质

1998 年 6 月 3 日，北京时间 6 时零 6 分，美国肯尼迪航天中心成功地发射了一架“发现号”航天飞机。航天飞机上装载着一种特殊的高科技天文观测仪器——阿尔法磁谱仪（Alpha Magnetic Spectrometer，简称 AMS)，人们试图通过这台仪器去找宇宙中的反物质和暗物质。

这是一次举世瞩目的重大国际合作实验。参加这次实验的有美国、中国、俄罗斯、意大利、瑞士、德国、法国、芬兰等十多个国家和地区的 37 个研究机构的物理学家和工程师，指导这次实验的是美籍华裔物理学家、诺贝尔物理学奖获得者丁肇中教授。

丁肇中生于1936年。1974年，他领导的一个研究小组和美国物理学家里希特(B. Richter)领导的另一个研究小组各自独立地发现了一个质量很大、寿命很长的新粒子。丁肇中把这个新粒子命名为“J粒子”（中文意思是丁粒子）；里希特等人却把它命名为“Ψ粒子”。于是，人们便把这个粒子合称为“J/ψ粒子”。由于这一重大发现，使得丁肇中和里希特于1976年共同获得了诺贝尔物理学奖。

丁肇中

阿尔法磁谱仪是用于探寻宇宙反物质和暗物质的一台高科技精密仪器。它主要由永磁体、上下各两层的闪烁体、紧贴永磁体内壁的反符合计数器以及内层的六层硅微条探测器等部分组成。它的主体结构是永磁体，该磁体直径1.2米、长0.8米、重2吨，磁场强度是1400高斯。永磁体由钕铁硼材料制成，它是由中国科学家和工程师研制而成的，也是中国科学家在第一次参与美国的太空航天试验中所作出的杰出贡献。

在阿尔法磁谱仪中安装了多种探测器，它们各自具有不同的功能。其中，“硅微条探测器”的主要作用是测量带电粒子在磁场中的运行轨道；“闪烁体探测器”的主要作用是测量带电粒子的飞行时间和飞行速度；“反符合计数器”的主要作用是排除从侧面进入到磁场内的不需要记录的粒子；“契伦科夫探测器”的主要作用是根据粒子的运行速度鉴别各种不同的粒子。这样，阿尔法磁谱仪就可以利用其内部的各种探测器，收集宇宙中的各种粒子，并把这些粒子的运行速度、轨迹以及它的质量和电量记录下来，传送给地球上的科学家们。科学家们也就可以根据阿尔法磁谱仪提供的上述信息，通过科学研究，进一步推断出这些粒子是正粒子还是反粒子，由这些粒子组成的物质是反物质还是暗物质。

有的少年朋友可能要问，以前科学家不是向宇宙中发射了许多种探测器了吗？为什么这次还要特意发射出这种经过专门制造的阿尔法磁谱探测器呢？它与以往发射出的探测器相比有什么优势呢？

是的，在此之前，人类向宇宙先后发射了许多种探测器。然而，这些探测器大都是使用光学方法包括使用可见光、无线电波、微波、X射线和γ射线等来探测的。但用这些方法既无法区分正物质和反物质，也无法探测到暗物质。也就是说，以往的探测器已经很不适合寻找反物质和暗物质的需要了。

为什么用光学方法探测不到反物质和暗物质呢？这是因为组成反物质的反原子所发出光的光谱与我们常见物质原子所发出光的光谱几乎是相同的，所以用一般的光学探测器无法将这两种物质区分开来。而暗物质由于自身既不能发光，又不能反光，所以光学探测器也很难探测到它。

过去，科学家也曾经运用“超导磁谱仪”“永磁体磁谱仪”等高科技探测器，通过高空气球实验来探测反物质。但是，由于这些实验只是在距离地球很近的大气层中进行的，再加上当时所制造出的探测器的灵敏度很低，所以很难探测到反物质，更难探测到暗物质了。

这次探测宇宙中反物质和暗物质的实验，是用航天飞机把阿尔法磁谱仪第一次送到遥远而广阔的宇宙中（而不是地球上的大气层中）来探测反物质和暗物质。阿尔法磁谱仪无论在精确程度上，还是在灵敏程度上，都比以往任何一种探测器先进。

那么，阿尔法磁谱仪是怎样探测宇宙中的反物质和暗物质的呢？

宇宙中的所有物质都向外发射出宇宙射线。如果宇宙中存在着反物质，它也会向外发出自己的宇宙射线。反物质发出的宇宙射线是由反原子这样的反粒子所组成的反粒子流。其中，反原子中的反原子核带负电，反电子带正电。由于阿尔法磁谱仪中装有一个磁性很强的永磁铁(它能自动产生相当于地球磁场2800倍的强大磁场)，形成很强的磁场。这样，当组成反物质宇宙射线的反原子中的反原子核和反电子进入到阿

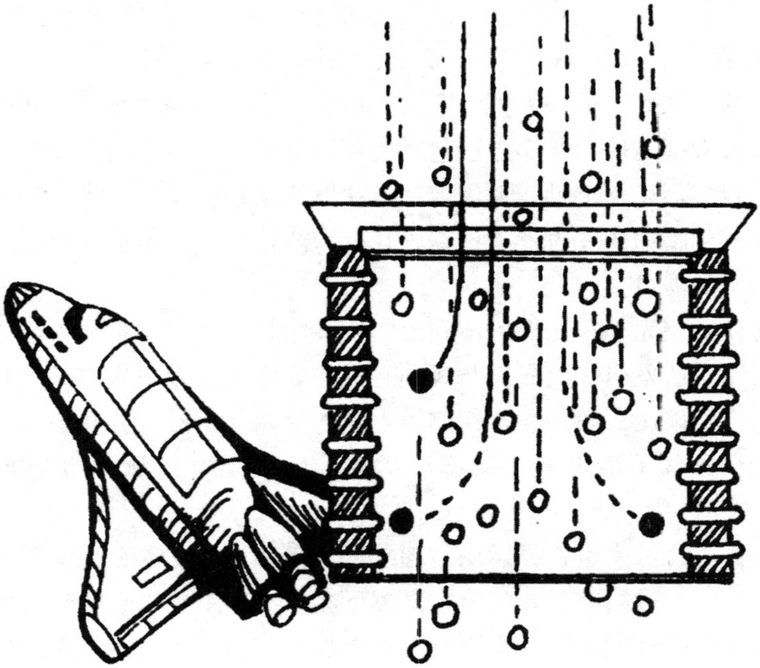

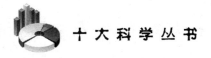

尔法磁谱仪的强大磁场中时，它将会在磁场的强大作用下，发生偏转。当然，我们常见的一般宇宙射线中的带电粒子也会进入到阿尔法磁谱仪的磁场中，并在磁场的作用下发生偏转。但是，由于正、反物质中的粒子所带电性不同（如正物质中的电子带负电，而反物质中的电子带正电），因此，它们各自在磁场中发生偏转的方向不同（如正电子偏向一方，负电子偏向另一方。安德森就是这样发现正电子的）。这样，科学家们就可以根据正、反粒子在磁场发生不同方向的偏转，留下的不同方向的偏转运动轨迹，找到反粒子，进而找到反物质了。科学家们认为，阿尔法磁谱仪可以通过寻找到宇宙空间中的反碳原子核、反氦原子核、反氢原子核等反粒子核，进一步找到反物质。

阿尔法磁谱仪探测暗物质的大体经过是，利用自身先进的探测手段把宇宙中穿过或进入到它之内的粒子的运行速度、轨迹以及它们的能谱（就是能量分布）等各种信息记录下来。然后，科学家们再对这些信息资料进行研究分析，把分析的结果和理论预言的结果进行比较研究，就可以推测出宇宙中是否存在暗物质了。

阿尔法磁谱仪是人类送入到太空的第一台磁谱仪。科学家们预计，它将在第一次 10 天的飞行中，获得数百个反质子，比以前的高空气球实验获得的反质子数要高一个数量级。只要它能够发现其中的一个带电粒子是反氦原子核，就可推断宇宙中存在着“反星系”（由反物质组成的星系）；如果它能够发现其中的一个带电粒子是反碳原子核，就可推断宇宙中存在“反星球”（由反物质组成的星球，如反地球、反太阳等）。

我们热切地期待这项由中国科学家首次参与（由美国华裔物理学家丁肇中教授领导）的国际航天探测实验取得重大成果。如果发现宇宙中存在着反物质和暗物质，那么不仅在实践中证实了狄拉克的“反物质假说”，而且如果让反物质和地球中的其他正物质相互融合，发生“湮灭”反应，还会产生巨大的能量，缓解人类所面临的能源危机。总之，狄拉克的“反物质假说”是一个伟大的科学假说，运用阿尔法磁谱仪探测反物质和暗物质的实验，也是一项跨世纪的伟大工程。我们希望广大少年朋友认真学习，刻苦钻研，长大后以你们自己的才能和智慧，积极投入到这项伟大而崇高的科学事业中来，为科学的发展、人类文明的进步做出自己应有的贡献。

# “分子”的概念是如何产生的呢

## ——阿伏伽德罗的“分子假说”

学习过化学的少年朋友会知道，物质是由分子构成的，分子是由原子构成的；分子是保持物质化学性质的最小粒子，原子是参与化学反应的最小粒子。

那么，分子和原子的概念是如何产生的呢？分子是由意大利物理学家阿伏伽德罗（A. Avogadro，1776—1856）最先提出来的；原子是由古希腊哲学家留基伯（Leucippos，约公元前500—公元前440）和他的学生德谟克里特（公元前460—公元前370）首先提出来的。英国化学家道尔顿（J. Dalton，1766—1844）在前人研究的基础上，建立了科学的原子理论。这就是说，原子的概念自古就有；分子的概念是在原子概念的基础上产生出来的。这里，我们着重讲述分子概念的形成过程，介绍阿伏伽德罗的“分子假说”。

## 一、古代哲学家的天才猜测

自然界中的物质是由什么组成的呢？万物的本源是什么呢？这个问题早在古代就引起了哲学家们的关注。他们从水受热变成“气”，木材燃烧后成为炭，孔雀石变成黄铜，花香随风飘移，烟雾升空散失等这样的自然现象中推测到，物质是由许许多多的粒子组成的。

物质究竟又是由什么粒子组成的呢？对此，古代中外哲学家们各自都进行了天才的猜测。

我国西周时代的《易经》一书，把天、地、雷、风、水、火、山、泽（当时把这八种物质叫做“八卦”）这八种物质看成是万物形成的最初起源；春秋战国时代的《老子·道德经》一书把“道”说成是万物产生的本原，“道生一，一生二，二生三，三生万物”。《管子·水地》一书把“水”看成是产生万物的本原，“水者，何也？万物之本原也”。《庄子》一书把“气”看成是构成万物的最小粒子，“通天下一气耳”。《尚书》一书创立了“五行学说”，把金、木、水、火、土看成是构成万物的最基本的物质。他认为，水可以滋润万物，火可以燃烧（作为能源），木可曲可直（作为材料），金可以铸造，土可以耕种收获。所以，“先王以土与金、木、水、火杂以成百物”（这五种物质相互融合形成万物）。

古希腊自然哲学家泰勒斯、阿那克西米尼、赫拉克利特等人分别把水、气、火看成是产生万物的最初基本物质；哲学家安培杜克列则把水、气、火、土看成是构成万物的4种基本元素；古希腊著名哲学家亚里士多德（Aristotle，公元前384—公元前322）认为，自然万物是由热、冷、干、湿这4种相互对立的“基本性质”组成的，它们通过相互组合，构成火（热和干）、气（热和湿）、水（冷和湿）、土（冷和干）这4种物质元素，然后，再由这些元素形成万物。另外，16世纪的瑞士药物化学家巴拉塞尔苏士认为，物质是由盐、汞、硫这3种元素按照不同比例组成的。这3种元素分别构成了人的肉体、灵魂和精神。如果缺少其中的任何一种元素，人就会患病。当然，这种观点是错误的。但是，他毕竟从化学角度研究了物质的起源与组成问题。

此外，古代中外哲学家们把原子看成是构成万物的最小微粒。例如，我国古代著名哲学家墨翟在他的《墨子》一书中，把“端”看成是

组成物质的最小单位。他说："端，体之无序最前者也。"其中，"体"是指物体，"无序"是指不可分割，"最前者"是指最原始的东西。这段话的意思是，"端"是组成物体的不可分割的最原始的东西，一切物质都是由最小单位——"端"组成的。

令人感兴趣的是，差不多在同一时期，古希腊哲学家留基伯、德谟克里特、伊壁鸠鲁等人也提出了与墨翟的说法相似的学说，这就是"原子论"学说。例如，德漠克里特认为，"一般所说的甜的、苦的、冷的、热的以及有色的，其实都是许许多多原子和一种空虚"，"原子诚然是自然界的实体，一切都从原子产生，一切也分解成原子，……作为一种固定东西的原子本身却始终是物质的基础"。他主张，原子是有大小和形态的，原子

德谟克里特

伊壁鸠鲁

的大小和形态不同，它所构成的物质也不同。伊壁鸠鲁则在德谟克里特的基础上又指出，原子不仅在大小和形态上不同，而且在重量上也不相同。原子的运动不只是直线运动，还是曲线运动。正因如此，原子才能构成丰富多彩的物质世界。此外，古罗马哲学家卢克莱修（Caru Lucretius，公元前98—前公元55左右）也在他的《物性论》一书中，论述了原子论学说。他认为，原子是构成自然界一切物体的“最初物体”，它是永恒不变的、不可破坏的。印度哲学家也提出了与德谟克里特相类似的原子论学说，他主张原子是构成万物的最小微粒。

我们认为，在古代哲学家们的天才猜测中，原子论学说是一个重大成果，它为近代英国化学家道尔顿建立科学的原子论奠定了基础。西方哲学家所认为的原子与我国哲学家所说的“端”是相同的。可以说，我国古代哲学家在原子论的产生与形成方面也作出了巨大贡献。

## 二、道尔顿的原子论

古代哲学家们所创立的原子论，在经过一千多年的沉寂以后，逐渐被近代科学家们所接受。然而，由于当时缺乏系统的科学实验依据和精密的定量分析，古代的原子论基本上是属于思辨的理论，不具有严密的科学理论形态。科学家们也没有真正把原子论思想用于指导他们的科研实践。例如，英国物理学家牛顿虽然承认物质的内部结构由原子和空隙组成，但他在研究光的本质时，却提出了“光的微粒假说”，把光看成

波义耳

是由许多粒子组成的粒子流；英国化学家波义耳（R. Boyle，1627—1691）仍然用物质微粒（而不是用原子）的结合与分离来解释化学现象；另外，一些化学家仍把火看成是由“燃素”物质组成（这种观点被称为“燃素假说”），另一些物理学家把热看成是由“热质”组成的（这种观点被称为“热质假说”），或把热看成是一种物理运动形式（这种观点被称为“热的运动假说”）。当时，化学家们在研究过程中虽然发现了元素、单质和化合物，但对它们与原子之间究竟存在着一种怎样的关系却弄不清楚，使得这些概念处于一种混乱状态。

如何在进行科学实验和定量研究分析的基础上，建立一种比古代原子论更加科学而精确的原子论，弄清楚原子、元素、单质及化合物的概念及其相互关系，是摆在当时化学家们面前的一项重要研究课题。英国著名化学家道尔顿完成了这项使命。

道尔顿于 1766 年出生在英国坎伯兰附近的一个乡村里。他自幼家境贫困，但热爱学习。起初，他跟随一位名叫罗滨逊的人学习数学，1781 年他到一所中学教书。在那里，道尔顿向一位名叫果夫的学者学习数学、气象学等自然科学，并在气象学研究方面取得了许多研究成果。1793 年，果夫把道尔顿推荐给曼彻斯特学院，担任这个学院的数学教授。后来，道尔顿又在爱丁堡、格拉斯哥、伯明翰等地从事教学和科研工作。道尔顿在一生中所做出的最重要的贡献，就是创立了科学的原子理论。因此，他被推选为法国科学团体和英国皇家学会会员，还被三次推选为英国科学促进会的副会长。伟大导师恩格斯把他誉为“近代化学之父”。

道尔顿

道尔顿在他的《化学哲学的新体系》（1808年出版）一书中阐述了原子论的内容：

化学元素由大量非常小的、不可分割的粒子——原子组成。相同元素的原子的所有性质都完全相同，不同元素的原子的性质则不同；化合物是由不同元素的原子以简单数目比结合成化合物的原子组成的。

道尔顿运用他的原子论，科学地解释了当时人们已经发现的质量守恒定律、定比定律和当量定律。他认为，不同物质的原子具有不同的类型，不同类型的原子的特征可以用原子量来表示，从而为人们继续对化学反应过程进行精确的定量研究打下了坚实的基础。道尔顿的原子论深化了人们对化学过程本质的认识，开辟了化学科学全面、系统发展的新时代，它是化学史上的又一次革命。

戴维

当然，道尔顿的原子论也有许多失误的地方。例如，他把原子看成是不可分割的最小颗粒，从而阻碍了人们对原子结构的进一步认识。事实上，原子的内部还有电子、质子、中子等许多基本粒子，物质是无限可分的。另外，道尔顿认为，同类原子只能相互排斥，不能同时相互吸引，从而又阻碍了人们对分子的认识。事实上，同类原子可以相互吸引，结合成分子。如两个氧原子相互结合成一个氧分子。

自从道尔顿创立了原子论以后，化学界产生了很大的争议。许多化学家如英国化学家戴维（H. Davy，1778—1829）等人一方面运用原子论，另一方面又不信任甚至厌烦原子论；还有一些化学家如德国化学家

奥斯特瓦尔德

奥斯特瓦尔德（W. Ostwald，1853—1932）等人反对原子的客观存在，他们与奥地利物理学家玻耳兹曼（L. BoltZmann，1844—1906）等相信原子存在的科学家们展开了长期激烈的争论。这场争论直到1908年才宣告结束，当时，科学家们通过对“布朗运动”（指花粉颗粒在溶液中所进行的迅速而无规则的运动，这是英国植物学家布朗发现的）的研究，才证实了原子的客观存在。

此外，化学家们在运用道尔顿的原子论来解释某些化学现象时，却出现了矛盾，使得道尔顿的原子论又面临着新的挑战。在新的矛盾和挑战面前，意大利物理学家阿伏伽德罗提出了分子概念，创立了分子假说，从而丰富和发展了道尔顿的原子论。

## 三、阿伏伽德罗的“分子假说”

1776年8月9日，阿伏伽德罗出生在意大利西北部都灵（Turin）的一个律师家庭，他的祖先从12世纪起就是宗教法庭的律师，因此，他的父母也希望阿伏伽德罗继承家族的职业。1792年，阿伏伽德罗依照父亲的意愿，考入都灵大学学习法律。1796年，他获得了宗教法学博士学位。毕业后，他便开始从事律师工作。

然而，阿伏伽德罗不热爱律师工作，却对自然科学有浓厚的兴趣。对自然科学奥秘的追求，使他决心背叛祖业，弃“法”从“化”，并从1800年开始研究化学，走上了研究自然科学的道路。

1803年，阿伏伽德罗完成了一篇科学论文，受到周围学者们的关注。1804 年，他被选为都灵科学院通讯院士；1809 年，他被聘为维切利皇家学院的物理学教授。阿伏伽德罗一生所取得的最重要的成果就是创立了“分子假说”。

阿伏伽德罗

在“分子假说”创立前的 1805 年，法国化学家盖吕萨克（J. L. Gay－Lussac，1778—1850）和德国化学家洪堡德（A. Von. Humboldt，1769—1859）在一起研究气体的化学组合的实验中发现，当把氢与氧化合生成水时，消耗的氧气的体积总是氢气体积的一半。这正如他们在自己的文章中所说的那样：“总是 100 个体积的氧气与 200 个体积的氢气化合并形成水。”也就是说，氢与氧在化合反应中，始终存在着上述那种简单的比例关系（即 2∶1 的关系）。

盖吕萨克

那么，是否其他气体在相互反应中，也存在着类似上面那种比例关系呢？盖吕萨克又研究了其他各种不同气体之间所进行的化学反应。结果发现，这些气体在进行化学反应过程中，也都在体积上存在着类似上面的那种简单的比例关系。

于是，盖吕萨克于 1808 年提出了“气体反应体积简单比定律”。这个定律的主要内容是：在相同的状态下，参加化学反应的各种气体的体积与反应生成的各气体的体积之间互相形成简单的整数比关系。

例如，2个体积的氢气与1个体积的氧气化合，生成2个体积的水，反应前后各气体体积的比是2∶1∶2；1个体积的氢气和1个体积的氯气化合，生成2个体积的氯化氢，反应前后各气体体积的比是1∶1∶2。可见，参加反应的各种气体的体积与反应生成的各气体的体积之间都相互形成简单的整数比关系。

正当盖吕萨克对上述规律继续进行研究时，道尔顿发表了他的原子论。盖吕萨克把道尔顿的原子论与他提出的上面的规律联系起来，又提出一个新的观点：在同温同压下，相同体积的不同气体中应当含有相同数量的原子。例如，如果1个体积的氢气和1个体积的氯气化合，生成2个体积的氯化氢，那么，氢气和氯气的原子数目应当是相同的，而氯化氢的原子数量则应当是它们之和。也可以说，1个氢原子与1个氯原子化合，生成2个氯化氢原子。

盖吕萨克的上述观点却遭到了道尔顿的强烈反对。道尔顿认为，相同体积的不同气体不可能含有相同数量的原子。1个体积的氢与1个体积的氯化合，只能生成1个体积的氯化氢，而不能生成2个体积的氯化氢；同样，1个氢原子与1个氯原子化合，只能生成1个氯化氢原子，而不能生成2个氯化氢原子。

但是，盖吕萨克的实验结果确实得出了2个体积的氯化氢。另外，即使像道尔顿所认为的那样，1个氢原子和1个氯原子化合，生成1个氯化氢原子，那么，在1个氯化氢原子中，只能含有半个氢原子和半个氯原子。然而，这种推测又与道尔顿自己创立的原子论发生矛盾。因为道尔顿在他的原子论中明确指出，原子是不可再分割的最小微粒，现在的氯化氢原子中竟然存在半个氯原子和半个氢原子，这明显与道尔顿的原子论相矛盾。可见，根据道尔顿原子论所得出的结论，又反过来与他的原子论发生矛盾。这就好像用自己的矛去刺自己的盾一样，陷入了自相矛盾的僵局。

这样，道尔顿的原子论便与盖吕萨克的实验结果以及他的观点发生了矛盾。阿伏伽德罗就是在这样的背景条件下，提出了“分子假说”，来解决这个矛盾的。

1811年，阿伏伽德罗经过详细分析道尔顿的原子论与盖吕萨克实验结果之间的矛盾，提出了“分子”概念。他把道尔顿的原子叫做“基元分子”，而把组成化合物和单质的最小粒子分别叫做“综合分子”和“组成分子”。他认为，组成气体的最小粒子不是原子而是分子，原子是参加化学反应的最小质点，分子是能够独立存在的最小质点。分子是由原子组成的。在化学变化中，不同物质的分子之间通过组成它们的原子的重新组合，产生新的物质。

例如，在氢气和氯气化合生成氯化氢的过程中，组成氢气分子和氯气分子的氢原子和氯原子发生相互组合，生成新的氯化氢分子，这个反应过程可以由下图来表示。

阿伏伽德罗根据他的“分子”概念，把盖吕萨克定律的内容修改为：“在相同温度和相同压力下，相同体积的不同气体具有相同数量的分子。”从而解决了道尔顿原子论与盖吕萨克实验结果之间的矛盾。

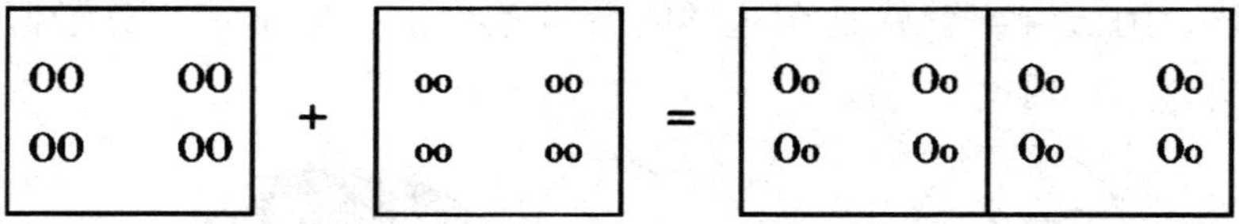

1体积氢气　　1体积氯气　　2体积氯化氢

为什么阿伏伽德罗用“分子假说”修改了盖吕萨克定律内容之后，就能解决他们二人之间矛盾呢？

道尔顿不承认有分子存在，只承认有原子存在，因此在他的原子论中，根本就不存在“分子”这个概念。他既把单一的物质（如氢、氧等）叫原子，也把由不同物质组成的化合物（如氯化氢、氧化氮等）叫做原子，如氯化氢原子、氧化氮原子等。这样，按照道尔顿的观点，就会得出1个体积的氯原子和1个体积的氢原子相化合只能生成1个体积的氯化氢原子（存在半个氯原子和半个氢原子），而不会得出像盖吕萨克的实验结果那样，1个体积的氯原子和1个体积的氢原子相化合，生成2个体积的氯化氢原子。

然而，如果用“分子假说”来解释，就会得出另外一种结论：1个体积的氯分子和1个体积的氢分子在相同温度和相同压力的情况下，它们彼此之间的分子数量相等，它们相互化合，生成2个体积的氯化氢分子。这样，既符合盖吕萨克的实验结果（1个体积的氯和1个体积的氢相化合，生成2个体积的氯化氢），也不会出现像前面所说的半个氯原子和半个氢原子这样的奇怪现象，从而解决了道尔顿和盖吕萨克之间的矛盾和争论。

那么，阿伏伽德罗的“分子假说”与道尔顿的“原子假说”有何区别呢？

首先，阿伏伽德罗把分子看成是可以分割的微小颗粒（他认为分子由原子组成，分子可以被分割为原子）；而道尔顿却把原子看成是不可以再分割的微小颗粒。

其次，阿伏伽德罗虽然提出了“分子”的概念，但他并不否认原子的存在，而是认为分子由原子组成。这不但没有与原子论发生矛盾，反而与原子论相统一；而道尔顿只承认有原子，不承认有分子，把分子与原子之间本来应当存在的相互统一的关系，变成“一山不容二虎”的对立关系了。

最后，阿伏伽德罗在物质与原子之间加进了“分子”概念，形成了物质——分子——原子这样的物质结构的层次序列，符合物质的内部结构；而道尔顿却根据他的原子论，形成了物质——原子这样的物质结构的层次序列，从而使物质的内部结构出现了“断层”，这不符合物质真实的内部结构。

可见，阿伏伽德罗的“分子假说”与道尔顿的“原子假说”虽然有所区别，但是，阿伏伽德罗并没有否认道尔顿的原子论，而是丰富和发展了道尔顿的原子论，促进了人们对物质内部结构和化学反应过程机理的进一步认识。

贝采里乌斯

既然如此，道尔顿应当支持阿伏伽德罗的“分子假说”，共同探讨物质内部的结构和化学反应的过程机理，促进化学的发展。

然而，事实并非如此。阿伏伽德罗等人提出了“分子假说”以后，遭到了道尔顿和瑞典化学家贝采里乌斯（J. J. Berzelius，1779—1848）等人的反对。当时，道尔顿和贝采里乌斯已经是颇有影响和权威的著名化学家了（贝采里乌斯被誉为“化学大师”，道尔顿被誉为“近代化学之父”）。与他们相比，阿伏伽德罗算是一个名不见经传的“小人物”。他在当时虽然也是维切利皇家学院教授，发表了五十多篇论文和一部学术著作，但是，也许是因为他原来不是搞化学研究出身的缘故，他的成果并没有使他成为一名远近闻名的化学家。

道尔顿和贝采里乌斯的声望和权威，使得当时的人们死抱住“原子论”的观点不放，而对阿伏伽德罗的“分子假说”不予关注。甚至有人即使提到了“分子假说”，也只把它说成是由安培提出的［阿伏伽德罗提出“分子假说”以后，法国物理学家安培（A. M. Ampère，1775—1836）也独立地提出了类似的“分子假说”］，而有意不说是由阿伏伽德罗提出的，从而使得“分子假说”以及阿伏伽德罗本人遭受了不应有的冷遇。

当然，阿伏伽德罗的“分子假说”遭到道尔顿等人的反对，也与阿伏伽德罗本人有关。因为，他虽然提出了“分子假说”，却没有通过科学实验来验证“分子假说”，他解决道尔顿与盖吕萨克之间的矛盾，也只是从理论上进行解释，并没有从实验上加以证实。要知道，“事实胜于雄辩”，“实践是检验真理的唯一标准”。所以，阿伏伽德罗的“分子假说”虽然正确，却没有用严正的实验事实使人们相信他的假说。另外，他在论述自己的假说时，运用了一些不规范、不科学的语言。例如，他虽然没有否认道尔顿的原子论，却把他的原子叫做“基元分子”，他还把化合物和单质分别称为“综合分子”和“组成分子”。这些术语都是不规范和不科学的，也使他的“分子假说”缺乏严谨的科学性，难以让大多数人相信。

由于上述各种原因，使得阿伏伽德罗的“分子假说”被冷落了长达50年之久，结果给当时化学的发展带来了不良影响。例如，由于当时的大多数科学家不承认分子的存在，不承认氢气、氧气等气体是由双原子组成的气体分子，因此就使得人们无法确定它们的化学结构式，也无法准确地测量出它们各自的原子量（道尔顿根据他的“原子论假说”，得出氧的原子量是7，其实这是错误的，氧的原子量不是7，而是16），更不能准确地测定各种化合物的化学结构式。例如，他们既用“HO”来表示水的化学结构式，又用它来表示氧化氢的化学结构式；他们还把醋酸的化学结构式写成了 19 种不同形式，从而给人们的认识带来了混乱，严重阻碍化学向精确化、科学化的方向发展。

康尼查罗

为了扭转这种混乱的局面，统一认识，各国化学家于 1860 年 9 月在德国召开第一次国际化学会议。在这次会议上，大家围绕分子和原子的关系问题，展开了激烈的争论。意大利化学家康尼查罗（S. Cannizzaro，1826—1910）在会议上把他于 1858 年发表的论文，散发给了参加会议的其他化学家。他在这篇论文中指出，只有接受阿伏伽德罗的“分子假说”，才可以确定各种物质的化学结构式，才可以科学地测量出它们的原子量，达到最后扭转化学领域混乱局面的目的。康尼查罗的观点得到了各国化学家的普遍接受和赞同。于是，被冷落了长达 50 年之久的“分子假说”又重新获得了公认，从而为化学的进一步发展奠定了坚实的理论基础。

阿伏伽德罗的“分子假说”被重新获得公认，并不意味着道尔顿“原子假说”被否定，相反，“分子假说”对“原子假说”起到了补充、修正、完善、发展的作用。此后，人们便把这两个科学假说合称为“原子—分子假说”，从而最终扭转了这两个科学假说长期或矛盾、或对立、难融合、难统一的局面。

“原子—分子假说”被确定以后，大大促进了化学的迅速发展。由于人们能够准确地测量出各种物质的原子量，确定它们各自的化学结构式，因此使得人们不断地发现新的化学元素（截至 1869 年，人们总共发现了 63 种化学元素）。在此基础上，俄国化学家门捷列夫（1834—

1907）和德国化学家迈尔（J. L. Meyer，1830—1895）分别于1869年2月和1869年10月各自独立地发现了化学元素周期律，科学地揭示了各种化学元素之间的内在联系，有力地促进了现代化学的发展。这些都在很大程度上归功于“原子—分子假说”的重新确立，归功于阿伏伽德罗“分子假说”的形成。

门捷列夫

阿伏伽德罗的“分子假说”被重新确定以后，化学家们对分子又进行了深入的研究，接连取得了许多成果。

他们重新研究了“分子”的概念，认为分子可以由一个原子组成，也可由一种元素的几个原子组成，这种分子叫“单质分子”；大多数分子是由几种不同元素的原子组成的，这种分子叫“化合物分子”。分子是物质中能独立存在而保持其组成和一切化学特性的最小微粒。

化学家们还发现了许多种类型的分子。他们通过研究分子的运动规律以及分子的组成、结构及其变化规律，先后发现了“中性分子”和“荷电分子”（根据分子中原子核的正电荷数与核外电子的负电荷数是否相等来划分）；“稳定分子”和“不稳定分子”（根据分子的组成和结构是否随外界条件的变化而变化来划分）；“独立分子”和“非独立分子”（根据分子中是否有单个分子来划分）；“高分子”和“生物高分子”（根据分子是否和生命有关来划分）；“分子”和“超分子”（根据分子组成和结构的复杂程度来划分）。

化学家们在已有的化学理论（如“分子假说”等）的指导下，依照人们的主观意愿，设计出理想的新型分子，并运用先进的技术手段，制造出性能优异的新物质来满足人类的生产和生活的需要，这就是“分子设计”。例如，人们通过药物设计，用人工的方法合成新药。“分子识别”是指存在于细胞内或细胞膜上的生物大分子之间的专一选择性的相互作用，科学家们在这方面主要研究酶分子（一种蛋白质分子）与它作用对象的底物分子之间的识别过程，揭示出了酶分子所具有的专一的催化性；研究核酸分子和蛋白质分子之间的识别过程，弄清了生物遗传的微观机理；研究细胞对外来信号物质的识别（也叫“细胞识别”），揭示外界环境对细胞新陈代谢的作用机制。时至今日，人们对分子的研究仍在继续和深入。

最后，应当向少年朋友们说明的是，阿伏伽德罗的“分子假说”以及后来确定的“原子—分子假说”，虽然解决了当时化学领域中混乱的认识问题，促进了现代化学的发展，但是，它们并没有最终从根本上解决物质的内部结构组成问题。在此之后，人们在对物质内部结构组成的研究过程中，又先后发现了电子、原子核以及它内部的质子、中子等许多基本粒子。这表明，分子、原子同样都不是组成物质的不可再分割的最小粒子，物质是无限可分的。人们对物质结构的研究将继续向纵深发展，探索之路愈走愈宽广。

# 太阳系是怎样起源和演化的呢

## ——康德的“星云假说”

万物生长离不开太阳的光照。如果没有太阳，就没有光明、没有生命，我们的地球将是一个黑暗、死寂的世界。

那么，太阳系是怎样起源和演化的呢?

1755年，德国著名天文学家和哲学家康德（Immanuel Kant，1724—1804）通过自己的探索与研究，第一次提出了关于太阳系起源及演化的科学假说——“星云假说”，为人类揭开太阳系之谜奠定了科学基础。

## 一、康德的生平及业绩

康德的全名是伊曼努尔·康德。1724年4月22日，康德出生在德国哥尼斯堡的一个小手工业者的家庭里。他出生的这一天正是哥尼斯堡的圣伊曼努尔节。“圣伊曼努尔”是“上帝保佑我们”的意思。康德的父母希望上帝保佑他健康成长，一生平安。

康德的父亲是个皮匠，母亲是一位虔诚的宗教信徒。康德的家庭并不很富裕，然而，康德正是在这样的家庭中，经过自己的努力奋斗，成长为一名伟大的天文学家和哲学家。

（一）聪明好学，崇尚理性

康德

康德在8～16岁期间，在一所名为“腓特烈公学”的中学读书。他聪明好学，尤其喜欢读古罗马著名哲学家卢克莱修写的一部名叫《物性论》的科学著作。康德从这部著作中全面地了解到当时人们对物质组成及其结构的认识，知道宇宙万物最终是由最小的原子组成的，原子是物质的最小组成单位等许多科学知识。也正是这部著作，使康德对自然科学产生了浓厚的兴趣。从此，他更加广泛地阅读其他自然科学书籍，丰富自己的科学知识。他的学习成绩也一直很好，受到老师和同学们的一致好评。

1740年秋，康德以优异的学习成绩考入了哥尼斯堡大学，成为一名大学生，开始了他梦寐以求的大学生活。在大学里，康德跟随当时著名的物理学教授M. 克努村先生学习物理学（当然，他同时也学习其他知识）。康德的聪明以及勤奋好学，令他的老师很高兴。在教与学的相互过程中，康德和他的老师结下了深厚、纯洁的友谊。

“严师出高徒”。康德在老师的影响下，对物理学产生了浓厚的兴趣。他一边刻苦钻研物理学，一边把自己的想法告诉他的老师。老师很欣赏康德勤学善思的精神，就鼓励他写一本物理学著作，阐述他个人的观点。

于是，在M. 克努村老师的帮助和支持下，从大学四年级起，康德就开始撰写物理学著作。大学毕业以后，他留校任教，仍坚持写这部著作，毫不懈怠，持之以恒。经过三年的努力，终于完成了这部著作。他给这部著作起了名字，叫做《论对活力的正确评价》。在这部著作中，他全面论述了以往人们对“活力”概念的理解，阐述了自己对这个概念的认识。这部书是康德的处女作，也是他开始走进科学殿堂的标志。

在大学工作期间，康德依靠自己平时掌握的丰富的科学知识，先后讲授了逻辑学、哲学、数学、力学、物理学、地理学、人类学、自然通史等多门课程，被人们称为“博学之人”。凭借自己的努力，康德先后被晋升为讲师、教授，最后被任命为大学校长。

康德在学习和科学研究的过程中，逐渐培养了热爱科学、崇尚理性的精神和品格，他把追求理性和科学作为自己人生的最高目的。他说：“我已经给自己选定了道路，我将坚定不移。既然我已经踏上了这条道路，那么任何东西都不应该妨碍我沿着这条道路走下去。”

那么，什么是“理性”呢？理性是指属于判断、推理等活动的一类属性，也指的是人类从理智上控制自己行为的能力。理性是与感性相对立的，人们在认识事物的过程中，大都经历了从感性认识到理性认识的阶段。感性认识是对事物表面性质的认识，它不全面、不深刻，理性认识则是对事物本质、规律的认识，它全面、深刻。只有对事物达到了理性认识，才能获得科学真理。

康德崇尚理性，就是崇尚从本质上全面、深刻地揭示事物存在和发展的规律。他认为，只有崇尚理性，才能追求到科学真理，在理性面前，人人平等，根本不存在什么权威。一个人的理论如果不是对事物的理性认识，哪怕他的地位再高，他本人再具有权威性，也将被果断地抛弃。正是这样的意识，使康德在科学的道路上，不断取得新的成果。

（二）创立了“潮汐摩擦假说”

康德在创立“星云假说”之前，就创立了“潮汐摩擦假说”。在自然科学研究方面，康德先后共创立了两个科学假说。革命导师恩格斯称赞康德是“两个天才假说的创造者”。

什么是“潮汐”呢？家住在海边的少年朋友可能很熟悉这样一种现象：海水隔一段时间上涨，又隔一段时间下落。海水定时涨落的原因是因为太阳和月亮都对地球上的海水有吸引力，海水在这种吸引力的综合作用下，会发生周期性的涨潮和退潮现象。人们把这叫做潮汐现象，又把在一年中所发生的大潮现象叫做潮汛。涨潮时，海水里的生物会被冲到海岸附近；落潮时，这些生物就会被滞留在海边陆地上回不去了。这时，渔民们会来到海边，捡拾许多海产品，如贝、海带等，人们把这种活动叫做“赶海”。

什么又是“潮汐摩擦”呢？少年朋友已经知道，地球既围绕太阳公转，同时又进行自转。地球在自转过程中必须带着海水一起转动。但是，海水本身相对于地球来说是静止的，它不会自行转动，因此，地球必须拖着它转动。这样，地球在自转过程中，就与海水产生一种摩擦力，它对地球自转起到阻碍作用。当潮汐到来时，海水升高，地球与海水之间的摩擦作用特别明显。因此，人们把每当潮汐到来时海水与地球之间所发生的摩擦现象叫做“潮汐摩擦”。根据地球科学研究，“潮汐摩擦”会使地球的自转周期增加，每100年周期增加1.6毫秒，在距今3亿7千万年以前，地球的自转周期只有现在的9/10，也就是说，现在地球的自转周期比那时增加了约1/10。

1687年，英国物理学家牛顿（J. Newton，1642—1727）运用他发现的万有引力定律解释了潮汐现象。他指出，潮汐是太阳与月亮对海水的吸引造成的。

1754年，康德发表了一篇名叫《关于地球自转问题研究》的论文。在这篇论文中，康德提出了“潮汐摩擦假说”。他认为，地球的自转运动速度会由于受到“潮汐摩擦”的影响而减小。当潮汐现象发生时，海水发生周期性的涨潮与退潮现象。在这个过程中，海水和地球发生了相互摩擦作用。地球在这种摩擦运动的作用下，自转速度就会减慢。也就是说，海水与地球之间所产生的摩擦运动会阻碍地球的自转运动，使地球的自转速度变慢。

有的少年朋友可能要问，海水与地球发生的相互摩擦作用力能有那么大吗？能够阻碍地球自转，减少地球的自转速度吗？

科学研究表明，海洋是地球表面水最主要的组成部分，海洋的面积占地球表面积的71%，海洋的总水量占地球总水量的96.5%，而陆地上的水（包括河流、湖泊、地下水等）只占地球总水量的3.5%。可见，海水的重量还是相当大的，海水与地球之间所发生的相互摩擦力也是不小的。所以，海水与地球之间所发生的摩擦力必然对地球的自转运动产生影响。

然而，海水与地球之间的相互摩擦作用究竟是不是使地球的自转运动速度减慢的唯一原因，目前还很难下结论。康德的观点还只是一种科学假说或科学猜测，需要经过实践的检验。但是，尽管如此，康德能在那个年代大胆地提出自己的设想，已经是很不简单了。因为提出一种科学假说不仅需要有胆识，更需要有非凡的智慧，有对科学真理进行不懈追求的精神。

（三）伟大的哲学家

康德在少年及青年时代，主要从事自然科学方面的学习与研究，他在自然科学方面的研究成果也是在这一时期创造出来的。青少年时期的康德是一个天才的自然科学家。

康德在告别青年时代，步入中年期以后，便开始把研究方向从自然科学转向哲学，从研究自然科学问题转向研究哲学问题。他先后认真学习了德国数学家、哲学家莱布尼茨（G. W. Leibniz，1646—1716）、英国著名哲学家大卫·休谟（David Hume，1711—1776）以及法国著名哲学家卢梭（J. J. Rousseau，1712—1778）等人的哲学思想，并通过自己的研究，对他们的哲学观点或哲学理论进行了科学的评判，先后撰写了著名的哲学著作《纯粹理性批判》（1781年出版）、《实践理性批判》（1788年出版）以及《判断力的批判》（1790年出版）等。在这些哲学著作中，康德围绕着“感性”“理性”“悟性”“道德”等重大哲学问题展开了论述，提出了自己独特的哲学观点和思想。

康德一生都致力于对科学真理的追求，他没有结过婚，把主要精力都投入到科学研究之中。他虽然一个人生活，但却十分有规律，把学习和工作安排得井然有序。他经常在饭后一个人独自散步，一边散步一边思考问题，甚至他散步的时间和走路的脚步都是确定的。因此，人们经常根据康德散步经过自己家门前的时间来对时钟表。

康德在散步中沉思，在散步中萌生新的思想和智慧，在散步中成为一名伟大的哲学家。

## 二、“星云假说”的主要内容

“星云假说”最初出现在康德的《自然通史和天体论》（1755年出版）一书中。该书由前言和三个部分组成，除了论述太阳系的起源及其演化过程以外，还论述了行星上的生命起源问题。康德认为不仅地球上有人，而且其他行星上也有人。

康德在他的“星云假说”中，主要论述了太阳系的起源及演化过程。它经历了以下几个阶段：

（一）形成原始星云

康德认为，在距今非常遥远的年代里，宇宙中充满着无数细小的物质微粒。这些物质微粒是分散的，密度很小但又不均匀，它们不停地运动着。经过相当长时间的相互作用，就形成了一个密度较大的像“云”一样的物质，这样的物质就叫做“原始星云”。原始星云是太阳系的最初母体，整个太阳系就是从这个原始星云中产生出来的。康德创立“星云假说”的基本思想就是：宇宙是由物质组成的，而不是由上帝创造的。他曾经以豪迈的口气说道：“给我物质，我将用它造出一个宇宙来。也就是说，给我物质，我将向你们指出，宇宙是怎样由此形成的。”由此可见，康德的“星云假说”是唯物的，而不是唯心的。

（二）生成太阳

康德认为，组成“原始星云”的物质是运动的，而不是静止的。它们既具有相互吸引力，又具有相互排斥力，这正如康德自己所说的那样：“我在把宇宙追溯到最简单的混沌状态以后，没有用别的力，而只是用了引力和斥力这两种力来说明大自然的有秩序的发展。这两种力是同样确实、同样简单，而且也同样基本和普遍。”

在原始星云中，物质微粒的分布是不均匀的，它们的密度也是不均匀的。其中，密度较大的一些物质微粒，通过它自身的吸引力，把位于它周围的密度较小的物质微粒吸引过来，然后，它们又一起被吸引到密度更大的物质“质点”（比物质微粒的密度大，体积也大）上，这样继续下去，就在原始星云中产生出了各种不同体积和密度的物质“团块”。其中，有一个体积和密度最大的物质团块，它位于原始星云的中心，具有很强的吸引力，能够把其他体积和密度相对较小的物质团块吸引过来。这个巨大物质团块就是太阳。太阳在最初形成时，本身还没有燃烧的火焰，也不发光，直到它完全形成以后，它的内部产生出巨大的能量和热量，这时的太阳才发光。可见，太阳是通过原始星云中的物质微粒相互吸引、凝聚，经过微粒→质点→团块，最后形成的，其中，原始星云物质自身所具有的相互吸引力是太阳形成的根本动力。

（三）产生行星

行星形成的基本过程与太阳的形成过程相似，它与太阳基本上是在同一过程中通过原始星云物质之间的相互吸引力形成的，只不过在最初，由于它们各自的密度、体积不同，又没有太阳那样大，所以，它们只能吸引各自周围的星云物质，组建自己的“身体”。与此同时，这些行星又受到太阳的吸引，距离太阳较近的行星受到太阳的吸引力就大，行星的密度也大，体积较小；相反，距离太阳较远的行星受到太阳的吸引力就小，行星的密度也小，体积较大。例如，水星、金星、地球的密度就比木星、土星的密度大；前者的体积则比后者的体积小。因此，人们一般把前者叫做“内行星”（靠近太阳的行星），把后者叫做“外行星”（远离太阳的行星）。

有的少年朋友可能要问，行星为什么各自都能老老实实地呆在自己的位置上，既不进入太阳“身体”内，也不脱离太阳系呢？行星为什么能够既围绕太阳进行公转，同时它自身又能进行自转呢？

按照康德的观点，这是因为在太阳和行星之间，既存在着万有引力，又存在着相互排斥力，行星受到这两种力的综合作用。

太阳形成以后，它对其他行星产生强大的吸引力，使得它们不能脱离太阳系，不能成为宇宙中的“自由分子”。如果在太阳与行星之间只有相互吸引力，那么，行星就会沿着直线运动的方向，向太阳靠近，最后将都被吸引到太阳的“身体”内。这样，也就没有行星，只有太阳了。然而事实上却并非如此，行星在受到太阳吸引力作用的同时，也受到彼此之间所存在的排斥力的影响。也就是说，在行星与太阳之间既存在吸引力，又存在排斥力。因此，行星向太阳运动到一定距离时，就受到彼此之间的相互排斥力的作用。当行星与太阳之间的相互吸引力与相互排斥力相等时（吸引力与排斥力的方向是相反的，前者向内，后者向外），行星就既不继续靠近太阳，也不远离太阳。

但是，此时的行星并不是静止不动的，而是仍然在运动着，只不过这时的行星在引力和斥力综合作用下，不再是直线运动，而是围绕太阳进行旋转，进行圆周运动。在这种情况下，太阳对行星的吸引力，变成了维持行星公转的向心力；太阳对行星的排斥力，成为促使行星自转的内部动力。因此可以说，行星公转和自转是它与太阳之间的相互吸引力和相互排斥力综合作用的结果。

此外，小行星和卫星的产生也和上面行星一样，是受吸引力和排斥力相互综合作用的结果。

## 三、“星云假说”的意义

康德创立“星云假说”，第一次对太阳系的起源及其演化过程进行了比较科学的、唯物的阐述，他把太阳系的起源及其演化看做是一个连续、发展、变化的运动过程，而不是一个静止的、从来就有的、永远不变的状态和结果，是一个具有革命意义的科学假说，被恩格斯赞誉为“在僵化的自然观上打开了第一缺口”，“是从哥白尼以来天文学取得的最大进步”。

康德创立“星云假说”的意义和价值表现在以下几个方面：

（一）它坚持了唯物主义的宇宙物质观

康德认为，原始宇宙是由弥漫在宇宙中的星云物质组成的，太阳系也是在原始星云中产生和演化而来的。可见，康德把太阳系的起源和演化看做是星云物质运动变化的结果，而不是上帝创造的结果。这就坚持了唯物主义的宇宙观，反对唯心主义的宇宙观。康德所处的时代，是唯心主义和宗教神学十分猖獗的时代，康德能在这样的时代中，敢于坚持唯物主义，反对唯心主义和宗教神学，是十分难得的，他为以后辩证唯物主义自然观的形成奠定了基础。

（二）它坚持了辩证唯物主义的宇宙发展观

中国古代的天文学理论（如“浑天说”“盖天说”等）、古希腊亚里士多德以及托勒密（Ptolemy，约 90—168）的宇宙观都认为，地球是静止不动的，是宇宙的中心。就连近代伟大的天文学家哥白尼（N. Koppernigk，1473—1543）也认为太阳是宇宙的中心，是静止不动的。但是康德却认为，地球只是太阳系中的一个行星，是运动变化的；太阳也不是静止的，而是经历过一个产生——形成——发展的过程，太阳也不是宇宙的中心，它只是一个恒星。宇宙无中心，宇宙是无限发展的。这就鲜明地批驳了那种认为宇宙一旦存在就永不变化，宇宙天体运动的动力来自上帝第一推动力的形而上学的宇宙观，有力地坚持了唯物主义宇宙发展观。

另外，康德把原始星云物质内部所存在的相互吸引力和相互排斥力说成是推动太阳系起源及其演化的根本动力，这又坚持了唯物辩证法的宇宙观。恩格斯说，“一切运动都存在于吸引和排斥的相互作用中”，“吸引和排斥像正和负一样是不可分离的”，“只以吸引为基础的物质理论是错误的，不充分的，片面的”，“康德早已把物质看做吸引和排斥的统一体了”。康德把吸引和排斥看成是促使太阳系起源与演化的内在动力，这是与恩格斯的思想完全相符的。

还有，康德认为宇宙“生生不息，永无止境”，宇宙是无限的，无边无际。这些思想也是与辩证唯物主义的宇宙观相符的。

（三）它掀起了一场自然观的革命

这是康德创立“星云假说”的最重要的意义。在康德创立“星云假说”之前，普遍存在着一种形而上学的自然观。这种自然观的主要内容，如果用恩格斯的话说，那就是：“把自然界的事物和过程孤立起来，撇开广泛的总的联系去进行考察，因此，就不是把它们看做运动的东西，而是看做静止的东西；不是看做本质上变化着的东西，而是看做永恒不变的东西；不是看做活的东西，而是看做死的东西。”

从前面介绍的“星云假说”，青少年朋友们不难看出，康德把太阳系中的太阳和行星看成是相互联系的天体系统，而不是把它们看成是彼此孤立的天体系统。他把太阳系看成是运动变化和发展的，而不是永恒不变的。因此，康德创立的“星云假说”，有力地批判了当时盛行的形而上学的自然观，率先在天文学领域里，掀起了一场伟大的自然观革命。

以后，随着自然科学的不断发展，尤其是自然科学的三大发现（细胞学说、达尔文进化论、能量转化和守恒定律）的陆续完成，旧的形而上学的自然观被否定了，新的辩证唯物主义自然观产生了。这正如恩格斯所说的那样：“新的自然观的基本点是完备了，一切僵硬的东西溶化了，一切固定的东西消散了，一切被当做永久存在的特殊东西变成了转瞬即逝的东西，整个自然界被证明是在永恒的流动和循环中运动着。”因此可以说，康德创立的“星云假说”，无论是对于推翻旧的形而上学自然观的统治，还是对于建立新的辩证唯物主义自然观，都起到了极为重要的作用。对此，恩格斯给予了高度的评价："康德关于目前所有的天体都从旋转的星云团产生的学说，是从哥白尼以来天文学取得的最大进步。认为自然界在时间上没有任何历史的那种观念，第一次被动摇了。"

## 四、对"星云假说"的科学评价

从前面的论述中，少年朋友们可以看出，康德创立"星云假说"的意义和价值，已经远远超出它自身的天文学这个范围，扩散到整个社会。"星云假说"是自哥白尼创立"日心说"理论之后又一个伟大的天文学假说，因此，它的诞生，自然也具有非常重要的科学意义。

首先，"星云假说"的基本思想是科学的。康德认为，太阳系中的各个天体是由原始星云物质按照开普勒和牛顿的理论规律形成的。这种基本思想依然是现代天体演化学研究宇宙天体起源及其演化的基本出发点。

其次，康德认为，太阳和其他行星是在同一过程中形成的，这种观点是科学的。现代天文学运用测定放射性元素半衰期（放射性元素如钋、镭等由于衰变而使原子量的一半成为其他元素所需要的时间叫做半衰期。放射性元素的半衰期长短差别很大，短的比 1 秒钟还短，长的可达到几万年）的方法，测定地球和太阳的年龄，得知地球的年龄为 47 亿年左右，太阳的年龄也为 50 亿年左右。由此可见，康德的推测与现代天文学的研究结果是基本符合的。

再次，康德预测在土星之外还有行星，这种天才般的预见也是正确的。康德的预测引起以后的天文学家们的广泛关注。其中，著名天文学家赫舍尔（F. W. Herschel，1738—1822）于 1781 年用他自制的巨型望远镜，果然在土星之外发现了另一颗行星——天王星。以后，天文学家们又先后发现了海王星和冥王星。实践证实，康德的预测是科学的、正确的。

最后，康德推测，土星光环由微小的固体质点组成。他还估计，土星光环的周期为“10个小时左右”。前面的推测被英国科学家麦克斯韦（J. C. Maxwell，1831—1879）所证实，后面的估计也被天文学家赫舍尔的观测（结果是约10个半小时）所证实。

然而，“星云假说”并不都是正确的，它也存在许多缺点。

康德认为，太阳系内的所有行星，都按照相同方向（自西向东）进行公转和自转，它们各自的自转与公转方向都相同。然而，经过现代宇宙学最新研究表明，在太阳系中，有3颗行星不是这样的，这3颗行星就是金星、天王星和冥王星，它们的公转与自转方向相反。就是说，它们的公转方向是自西向东，而它们的自转方向却是自东向西。如果站在这3颗行星上看太阳，少年朋友们就会发现，太阳不是像在地球上所看见的那样东升西落，而是西升东落。可见，康德的推测不完全正确。

另外，康德指出，太阳系的起源以及行星围绕太阳进行圆周运动，是受到太阳与行星之间所存在的吸引力和排斥力综合作用的结果。这种观点无疑是正确的，他把太阳系起源及其演化的原因归到太阳系的内部，而不是归到太阳系的外部——上帝的创造。但是，康德把太阳系的起源及其演化的复杂过程，归到简单的吸引力与排斥力之间相互作用，这就有点过于简单了。其实，太阳系的起源及其演化过程是极其复杂的，它的原因也应该是多方面的，不能用简单引力与斥力的相互作用来解释这样一个极其复杂的宇宙现象。研究表明，围绕太阳进行圆周运动的分散着的物质微粒之间所存在的相互吸引力是很微弱的，依靠这样微弱的吸引力是根本不可能使这些分散着的物质微粒凝聚起来的。可见，太阳系的起源及其演化，还可能有其他原因。

从今天的角度看，康德的“星云假说”还是很粗糙、不完善的，它还不能真正科学地解释太阳系的起源及其演化的原因。

然而，既然是科学假说，就难免出现错误。因为科学假说一方面具有科学性的特点，另一方面它又具有猜测性的特点，所以，任何一种科学假说都有可能存在缺点，甚至存在错误。因此，就需要通过科学实践，检验科学假说。

其实，康德也承认他的“星云假说”是一种科学假说。一方面他强调自己的研究是科学的、严谨的，“是用力学规律来说明宇宙体系是怎样从它最原始的状态发展起来的”，自己的研究是“十分谨慎的”，尽可能“排除一切任意的虚构”。另一方面，他又反复说明，他所得到的认识或观点，只是“一种假设”，只是一种“可能的猜测”，其中可能会出现错误。自己的理论“虽不是纯粹臆造的，但也不是无可怀疑的”。他希望人们不要要求自己的学说具有“极大的几何学的精密性和数学的准确性”。由此可见，康德对自己的研究及观点的态度是正确的、科学的。

也许有的少年朋友会问，康德不是一个天才的自然科学家和伟大的哲学家吗？为什么他创立的“星云假说”会出现这么多错误呢？如果再考察一下康德创立“星云假说”的历史背景，你就会明白了。

康德所处的时代，是距今两百多年的近代。当时，欧洲刚刚从黑暗的中世纪走出来，宗教神学依然统治着当时的社会，自然科学发展还十分落后，天文学发展也很缓慢。当时，人们只知道太阳系有水星、金星、地球、火星、木星、土星这六大行星，还不知道有天王星、海王星、冥王星这三大行星，也不知道还有许多小行星。人们虽然知道彗星和卫星，但对它们的情况都不清楚。另外，在当时，人们对像太阳这样的恒星的研究还刚刚开始，由于天文观测技术不发达，使得人们无法真正了解太阳系的真正情况，只能对它们进行猜测。很显然，处在这种天文学及观测技术落后的时代里，康德很难真正准确地掌握太阳系的所有信息资料。他虽然掌握并运用了开普勒和牛顿的天文学理论，但对太阳系起源及其演化过程的研究，也只能凭借着一种猜测。“星云假说”中所存在的错误，是与当时自然科学发展的背景分不开的。

## 五、“星云假说”的发展

康德的“星云假说”创立以后，并没有被当时的人们所重视，甚至还被遗忘了。

1796 年，法国天文学家拉普拉斯（P. S. Laplace，1749—1827）出版了《宇宙系统论》，提出了他的“星云假说”。至此，人们才记起康德创立的“星云假说”，《自然通史与天体论》才又被重新出版，被人们遗忘长达四十多年的康德的“星云假说”重新获得了新生。

（一）拉普拉斯的“星云假说”

拉普拉斯认为，太阳系最初是由一个原始星云收缩而成的。原始星云是一团灼热的气体云，温度高，体积大，呈圆球状，中心密度很大，外部密度较小。并且，原始星云一开始就在缓慢地旋转着。由于不断地把自身的热量向宇宙空间辐射，它的温度逐渐降低，逐渐冷却下来。此时，原始星云开始收缩，体积也随之变小，旋转的速度逐渐加快，离心力也随之增加。于是，原始星云在离心力的作用下，逐渐由原来的正圆球形变成扁圆球形，成为一个圆盘状的原始星云块。

拉普拉斯

接着，原始星云继续冷却，又继续收缩，旋转的速度继续增大。由于原始星云的中心密度大，边缘的密度小，因此随着原始星云旋转速度加快，离心力也随之增大。在这种情况下，已经呈现出扁圆状的原始星云的外部边缘部分就被从原始星云分离出去，形成一个又一个的星云环。先分离出去的星云环距离星云中心较远，后分离出去的星云环距离星云中心较近。而且，这些星云环虽然被分离出去，但它们仍然没有脱离原始星云的吸引力。这样，这些星云环就在原始星云的吸引力（向心力）和离心力的综合作用下，围绕原始星云中心进行旋转。

这些星云环中的物质分布是不均匀的，密度也是不相同的。其中，密度大的部分物质会把密度小的部分物质吸引过去，逐渐形成一些小的星云团块物质。这些小的星云团块又相互吸引，集聚成大的星云团块，最后形成了一个个行星，原始星云的中心部分则形成了太阳。

行星在刚刚产生时，还是一个高温的呈气体状态的“星云球”，以后逐渐冷却，慢慢变成液体和固体。其中，一些体积较大的行星，在冷却过程中又进行收缩、旋转，从而又分离出更小的星云环，这些星云环在后来便成为卫星。

以上是拉普拉斯“星云假说”的主要内容。那么，拉普拉斯“星云假说”和康德“星云假说”有什么区别和联系呢？

首先，拉普拉斯和康德一样，也认为太阳系是从原始星云中产生并演化出来的，他也把自己的科学假说叫做“星云假说”。可见，拉普拉斯和康德研究太阳系起源及其演化过程的出发点是相同的，他们都使用了“原始星云”这个词。正因为这样，有人把他们两人的假说叫做“康德—拉普拉斯星云假说”。

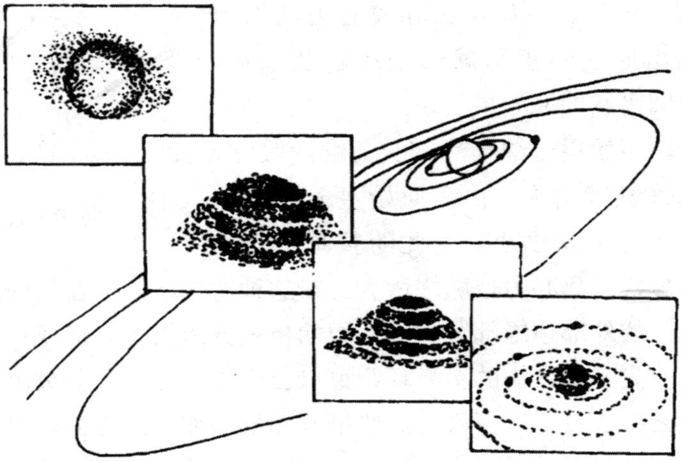

其次，拉普拉斯虽然也使用了“原始星云”这个词，但是他对这个词的理解却与康德不同。康德认为，原始星云是由弥散的固体物质微粒构成的，而拉普拉斯却认为，原始星云只是一团高温灼热的气体云，而且这团气体云从一开始就旋转着。可见，原始星云在他们各自的“星云假说”中呈现出两种不同的状态，表现出两种不同的性质。

再次，拉普拉斯虽然也和康德一样，把太阳系的起源及其演化的动因，归到原始星云物质内部的矛盾运动，但是，康德认为，太阳系是原始星云物质在引力与斥力相互作用下产生的，而拉普拉斯则认为，太阳系是原始星云冷却后经过收缩、转动、分离等过程产生的。二者虽然都注意到了原始星云物质之间的引力和斥力及其相互作用，但是，康德强调了万有引力对太阳系起源及其演化的作用，而拉普拉斯则强调了原始星云物质在收缩和转动时所产生的离心力对太阳系起源及其演化的作用。二者的侧重点不同。

拉普拉斯“星云假说”虽然也能解释太阳系的起源及其演化过程，但它本身也存在着缺点。例如，拉普拉斯认为，行星是原始星云通过收缩、转动、分离后产生出来的。然而，根据气体动力学的计算，原始行星转动不可能分离出气体环，更不可能凝聚成行星。另外，既然行星是通过原始星云多次收缩、转动、分离后形成的，那么，星云每一次收缩，都会使它的旋转速度加快，最终形成的太阳，它也应当有极大的自转速度。然而，经过现代天文学研究表明，太阳的自转速度并不大，甚至比行星的自转速度还小。

（二）戴文赛的新“星云假说”

戴文赛（1911—1979）是我国著名的天文学家，他通过对已有的观测资料综合分析，同时又广泛汲取了国外关于太阳系起源及其演化的众家观点，提出了自己新的科学假说，比较全面、系统地论述了太阳系起源及演化的全过程。他的主要观点如下：

戴文赛

1. 不仅太阳系是从原始星云中产生出来的，而且整个银河系也是从原始星云中产生出来的。在银河系产生之前，宇宙中存在着一个巨大的原始星云。以后，这个星云被分解成许多个原始星云，太阳系就是从其中的一个原始星云中产生出来的。

2. 这团原始星云一开始就在缓慢地旋转着。此时，由于原始星云转动很慢，因此，星云物质之间所存在的相互吸引力比相互排斥力大，它们的向心力要比离心力大。这样，星云物质在吸引力或者向心力的作用下，发生收缩。其结果使得星云物质温度升高，能量增大，旋转速度也随之增大。在星云的赤道附近，星云收缩很慢；在星云的两极附近，星云收缩较快。这样，星云收缩、旋转的结果，就使得它由原来的正圆球形，变成了扁圆球形。随着星云的收缩，它内部产生的离心力也随之逐渐增大，当星云物质内部的离心力与向心力相等时，星云便停止收缩。这时，星云的中心物质便通过慢收缩形成了太阳。

3. 原始星云是由星际物质组成的，其中，氢和氦物质最多，二者共占到星云总质量的98%，它们都是气体，因此它们被称为“气物质”。此外，还有1%的固体物质，固体物质又分为“土物质”（主要是硅酸盐）和“冰物质”（主要是一些微小的冰状颗粒）。由于太阳的温度极高，因此在靠近太阳的星云物质中，“气物质”和“冰物质”都受到太阳的高温蒸发，全部跑掉了，剩下的只有一些“土物质”；相反，在远离太阳的星云物质中，“气物质”和“冰物质”都能够被保存下来。

于是，在靠近太阳的地方，“土物质”之间相互碰撞、凝聚，先形成星子，后来形成了水星、金星、地球等行星；在远离太阳的地方，“冰物质”和“土物质”相互凝聚成一些“行星核”，然后，这些“行星核”和它周围的“气物质”组合成像土星、木星那样的行星。此外，一些小行星也是由“土物质”和“冰物质”相互结合而形成的。

（三）现代星云假说

现代“星云假说”把恒星的起源及其演化全过程，分为“星际弥漫物质收缩阶段”“主序星阶段”“红巨星序阶段”以及“高密恒星阶段”。下面就把恒星起源及其演化过程向少年朋友们介绍一下。

1. 星际弥漫物质收缩阶段。

星际弥漫物质是形成恒星的原料，它由气体（主要是氢气和氦气，共占49%）和尘埃（51%）组成。这些物质由于弥漫于宇宙空间（现代宇宙中仍然存在着这些物质），所以人们把它们叫做星际弥漫物质。当这些星际弥漫物质在万有引力的作用下相互凝聚时，就形成了“星际云”，也就是原始星云。

星云物质在万有引力的作用下开始收缩，这个阶段又分为快速收缩阶段和慢速收缩阶段。

在快速收缩阶段中，星云物质之间的引力大于斥力，收缩很快。它们之间发生激烈的相互碰撞和摩擦，产生很大的热量，使星云的温度快速升高。当温度升高到10000℃左右时，星云物质中的氢原子就被电离成氢离子，星云也因此从原来的“氢原子云”变成“电离氢云”。当星云物质再进行收缩时，星云就呈现出圆球形状，这时的星云已经被转化为“恒星胎”（形成恒星的胚胎）。人们把这种“恒星胎”叫做“原始恒星”。星际物质经过快速收缩阶段产生了原始恒星。

在慢收缩阶段中，星云物质之间的相互吸引力和相互排斥力接近相等，星云收缩速度减慢，原始恒星就被转化为恒星。

2. 主序星阶段。

在这个阶段中，恒星基本上处于稳定状态，既不收缩，也不膨胀。恒星的光度、温度、密度等物理特性在总体上都没有发生多大的变化，只是在局部范围发生变化。恒星在这个阶段将持续很长时间。太阳在这个阶段将停留大约一百亿年，目前它已经历了50亿年。那么，恒星为什么能够长时间地保持着稳定状态呢？这是因为，星云物质之间所存在的相互吸引力和相互排斥力相等。恒星内部的氢发生核聚变，产生氦，释放大量热量和能量，恒星依靠这些热量和能量来维持自身的光度、温度等性质不变。

3. 红巨星阶段。

恒星在主序星阶段之所以保持稳定，是因为它内部发生的氢核聚变反应产生了很大能量，能够抵抗星云物质的向内收缩，使得它们的引力与斥力相等。然而在红巨星阶段中，恒星内部的氢已经被用完，全部变成了氦，而氦虽然也能发生核聚变生成碳，释放能量，但是，它所产生的能量是较小的。因此，这时的恒星内部的向外排斥力小于它的向内吸引力，其结果将促使恒星原来的状态发生改变，促使恒星继续收缩。收缩后，恒星又产生巨大的能量。其中，一部分能量使恒星的核心部分温度升高，另一部分则使得恒星向外膨胀，进一步使得恒星的表面积增大。这样，恒星的核心部分温度虽然升高，但是它的外部温度却因表面积增大反而降低。因此，在这一阶段恒星体积增大，向外发红光。人们便把这时期的恒星叫做“红巨星”。

恒星在这个阶段持续的时间比前一阶段短，太阳在这个阶段将停留十亿年左右。恒星在这个时期是不稳定的，忽而收缩，忽而膨胀，它的温度、光度也是不稳定的。

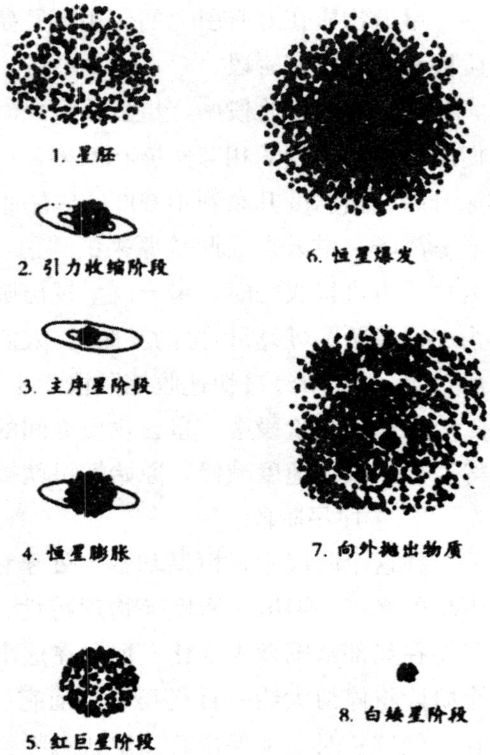


恒星的演化阶段

4. 高密恒星阶段。

在这个阶段中，恒星内部的氦核已经全部用完，变成了碳核。以后，碳核又发生核反应，变成了氧、硫，最后变成了铁。这时恒星内部的能量已经被消耗完了。恒星又发生剧烈收缩，这种现象叫做“坍缩”。其结果使得恒星物质一边向它的核心聚集，使它的核心部分物质密度极大，又一边向外发射出强烈的冲击波，使它的外层物质迅速而猛烈地向宇宙空间抛散。这种现象就叫做“超新星爆发”。发生“超新星爆发”时，恒星的亮度会比爆发前猛增几千万倍，甚至几亿倍。“超新星”其实并不是什么真正的“新”星，它只不过是一个临近死亡的老的恒星。超新星爆发后，恒星几乎全部瓦解，大量的物质碎片被抛入宇宙空间，又形成星云物质，又开始形成新的恒星及恒星系统。

当恒星经过红巨星阶段到达高密恒星阶段时，由于每颗恒星的质量不同，因此它们在这个阶段所发生的变化结果也不同。

如果恒星的质量较小（如太阳或小于 1.3 个太阳质量的恒星），那么，它在这个阶段中，恒星物质一边向内收缩，一边向外抛散物质，则不会发生前面所说的“超新星爆发”现象。它的中心部分恒星物质就变成一个密度很大、光亮度和体积都很小、发白光的星体，我们把它叫做“白矮星”。白矮星开始还发光，体内还有一些能量。以后，当白矮星体内的能量被消耗完了时，它就不发光了，就变成了“黑矮星”。到此，恒星的寿命就终止了。黑矮星作为恒星的残骸，将作为孕育另一种天体的母体，又开始漫长的演化过程。根据天文演化学研究，太阳已经走过了 50 亿年的演化路程，再过 50 亿年，它将成为红巨星，再变成白矮星，最后成为黑矮星。太阳目前还处在壮年时期。

如果恒星的质量很大，那么，它在这个阶段中就会发生“超新星爆发”现象。爆发后，在恒星的核心就留下一个密度极大的星体，我们把它叫做“中子星”。中子星的密度极大，如果从中子星中取出像小核桃那样大的一小块物质放在地球上，就需要用 1 万艘万吨轮船才能托得起！中子星的温度也极高，表面温度达到 1 千万度，中心温度高达 60 亿度！但它的体积却较小，半径只有 10～20 千米；它还具有极高强度的磁场。中子星也像白矮星一样，最后成为黑矮星。

中子星的质量在 1.5 到 3 个太阳质量之间。也就是说，当发生“超新星爆发”以后，如果恒星的残骸质量在 1.5 到 3 个太阳质量之间，那么，这个残骸星体就叫做“中子星”。如果这个残骸星体的质量超过 3 个太阳质量，那么，这个残骸星体就具有很强的吸引力，甚至能把光都吸进去。它变成了一个“黑”星体，任何东西只要接近它，都会被它吸收进去，无法逃脱出来，就好像掉进了无底“洞”一样，我们把这样的残骸星体叫做“黑洞”。

这样，恒星在这个高密度阶段中的演化结果，形成了白矮星、中子星和黑洞 3 种星体，最后都变成了黑矮星，从而结束了恒星的演化过程，又开始形成新一代恒星。

从上面的现代“星云假说”中，少年朋友们会知道，恒星（包括太阳）是在“星际弥漫物质收缩阶段”中起源的。以后，它经过“主序星阶段”“红巨星阶段”以及“高密恒星阶段”的演化，最后成为一个黑矮星，又开始形成新的恒星。恒星就按照这样的过程起源、演变，循环往复，以至无穷。

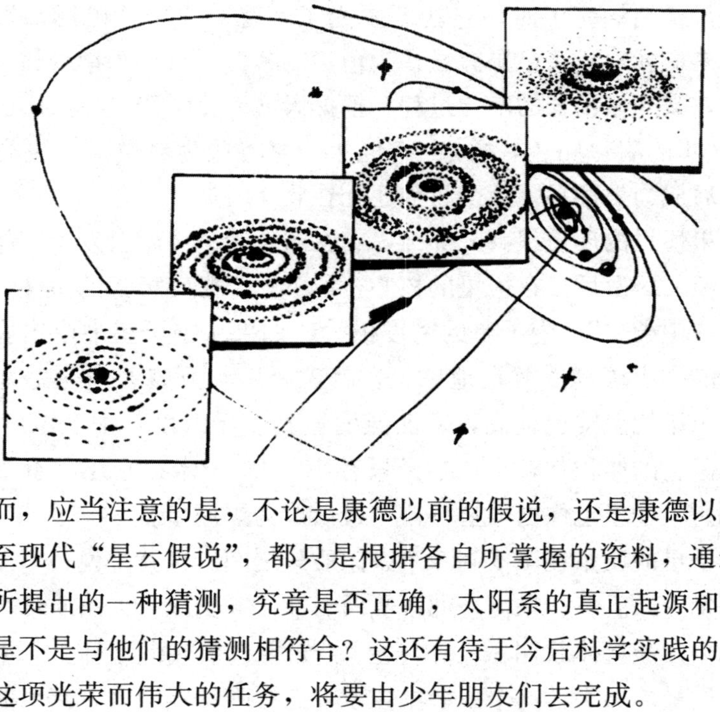

然而，应当注意的是，不论是康德以前的假说，还是康德以后的假说，甚至现代“星云假说”，都只是根据各自所掌握的资料，通过分析和研究所提出的一种猜测，究竟是否正确，太阳系的真正起源和演化过程究竟是不是与他们的猜测相符合？这还有待于今后科学实践的进一步检验，这项光荣而伟大的任务，将要由少年朋友们去完成。

# 宇宙是怎样起源和演化的呢

## ——伽莫夫的“大爆炸宇宙假说”

“坐地日行八万里，巡天遥看一千河”是毛泽东主席写的诗句。毛主席在这句诗中，向人们讲述了一个科学道理：地球一边自己旋转（叫做“自转”，自转 1 周是 1 天），一边又围绕太阳旋转（叫做“公转”，公转 1 周是 1 年）。人如果站在地球的赤道（指环绕地球表面距离地球南北两极相等的圆周线，它把地球分为南北两半球）上，那么，他每天要跟随地球在宇宙中走 4 万千米，将会观察到成千上万颗星体。宇宙是浩瀚无垠的，地球只是宇宙中的一粒小小的微尘！

那么，宇宙究竟有多大？它是什么模样？它是从哪里来的？它是怎样起源和演化的？它的未来将是什么样的？

千百年来，科学家们一直都在思考、探索着这些问题，试图解开这个谜底。他们提出了各种猜想和假说，描绘出各种各样的宇宙图景。

1948 年，美国物理学家伽莫夫提出了“大爆炸宇宙假说”，对宇宙的起源和演化进行了科学的论述。这个假说被认为是现代宇宙科学中的最重要的假说，在宇宙科学领域中产生了很大影响。

# 一、宇宙的组成——星系

什么是星系呢？星系就是由几十亿甚至是几千亿颗恒星、恒星系以及星际气体和尘埃物质构成的巨大的天体系统。星系是组成宇宙的基本单元。宇宙中存在着许多星系，我们的银河系就是其中一个普通的星系。在银河系以外，还有成千上万个星系，我们把这些星系叫做“河外星系”。宇宙是由银河系和河外星系组成的。

（一）银河系

美丽壮观的银河吸引着历代人们的目光，人们对银河赋予了各种神奇的想象，留下了许多美丽的神话传说。

然而，真正揭开银河神秘面纱的还是科学家。他们通过对银河的不断探测，弄清了银河系的结构组成。

1610 年，意大利天文学家伽利略（G. Galilei，1564—1642）在用自己发明的望远镜观测银河时发现，银河系中有许多恒星，银河是由许多恒星组成的星团。

1750 年，英国天文学家赖特（T. Wright，1711—1786）发表了他的《宇宙的理论》这本书。他认为，银河系是由无数颗恒星组成的，太阳便是其中的一颗恒星，恒星在银河系中是以球形分布的，银河系的形状像个扁平的盘子。

1755 年，德国科学家、哲学家康德撰写了《宇宙发展史概论》一书。他认为，银河系是由大量恒星组合而成的巨大的天体系统，它在空间上是有限的。银河系和太阳系相似，银河系里的恒星像太阳系里的行星一样，以太阳为中心，围绕太阳转动。可见，康德把太阳当成是银河系的中心，他的这个观点被其他天文学家否定了。

1760 年，德国物理学家朗伯特（J. Lambert，1728—1777）在他的

《论恒星的亮度和距离》一书中认为，银河系是由许多恒星体系组成的一个非常复杂的天体系统。他在另外一本书《宇宙论书简》（1761 年出版）中，把银河系分为三个等级体系：第一级体系是太阳系，第二级体系是太阳和它周围的许多恒星组成的恒星集团，第三级体系是由这个恒星集团组成的银河系。许多银河系相互组成第四级体系，接下来还有第五级、第六级体系。每一级体系都有一个中心。

1783 年，英国天文学家赫舍尔通过观测发现，太阳也是恒星，它也在自行运动（恒星往往被人们认为是静止不动的星体。然而，英国天文学家哈雷和德国天文学家迈耶尔发现，恒星也不是静止不动的，它也能自行运动，从而开创了观测恒星的新时代）。从而打破了以往认为太阳是静止的这种旧观念，是人类认识宇宙的一次重大突破。

赫舍尔

赫舍尔通过观测还发现，银河系的直径是天狼星（一个恒星）的 850 倍，它的厚度则是天狼星的 150 倍。天狼星的直径是 8.8 光年，这样，通过换算知道，银河系的直径是 $850\times8.8=7480$ 光年，它的厚度是 $150\times8.8=1320$ 光年。银河系的形状是扁平状的圆盘，太阳在它的中心。银河系的边界是不规则的，有许多突出的部分。

赫舍尔是近代恒星天文学的创始人。他除了观测银河系以外，还于 1781 年发现了天王星。以后，他又发现了天王星的两颗卫星和土星上的两颗卫星以及双星（靠在一起的两颗恒星。其实，这两颗星相距也很遥远，它们彼此靠引力来维持）。

不仅赫舍尔本人是著名的天文学家，而且他的妹妹和他的儿子也都是天文学家。他妹妹曾经发现了 14 个星云和 8 颗彗星，他儿子发现了 3347 对双星。赫舍尔家族为天文学作出了卓越的贡献。

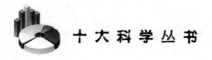

赫舍尔认为太阳是银河系的中心。然而，太阳真的就是银河系的中心吗？

1918 年，美国天文学家沙普利（H. Shapley，1885—1972）通过观测发现，太阳不是银河系的中心。他认为，银河系的中心是由各个球状星团组成的天体系统的中心，太阳离这个中心还有 5 万光年之遥。这样，沙普利就否定了赫舍尔的观点。

然而，沙普利的这个观点并没有得到大多数天文学家的支持。直到 1927 年和 1930 年，荷兰天文学家奥尔特和瑞士天文学家特朗普勒（R. T. Trümupler）各自通过理论推算出太阳距离银河系的中心有 3 万光年。到此，沙普利的观点才获得了证实与承认。

沙普利的上述观点具有很重要的意义。这是因为，在古代，希腊天文学家托勒密创立了“地心说”。他认为，地球是宇宙的中心，所有天体都围绕地球转动。到了近代，波兰伟大的天文学家哥白尼推翻了“地心说”，建立了“日心说”。他认为，地球不是宇宙的中心，太阳才是宇宙的中心，地球也只是围绕太阳转动的一颗行星。现在，沙普利又推翻了关于太阳是银河系的中心，太阳是宇宙的中心这个观点，提出了太阳不是银河系的中心的新论断。这标志着人们对宇宙的认识又有了一个重大突破。

经过几代天文学家们的不断努力，人们对银河系的组成与结构情况知道得越来越多了。随着天文科学及观测技术的发展，银河系的真面目逐渐被揭露出来。

原来，银河系根本不是什么天河。它是一个直径约为 9 万光年，中间厚约 13000 光年，边缘厚约 6000 光年的一个巨大的天体系统。

银河系有 1500 亿颗恒星，太阳只是其中的极其普通的一颗恒星。除此之外，银河系还有大量的气体和尘埃，它们散落地分布在恒星之间，被称为“星际物质”。这些星际物质的形态各式各样，有的相互密集成巨大的“星云”物质（像天空中的云一样），有的聚集成为星际分子云，有的则成为星际尘埃。

银河系中的恒星各有不同，千差万别。我们在地球上看到，太阳比其他恒星都亮，这是因为太阳离我们最近。其实，其他恒星也是很亮的。恒星与恒星之间平均相距 7 光年，在它们当中，有的恒星单独存在，有的则成双存在（成为双星），有的三个恒星相聚在一起（成为三重星），有的则多个恒星聚集在一起，成为星团。

美国天文学家巴德（W. Baade）根据自己的观测，按照恒星的质量、亮度、发光颜色等，把恒星分为“星族Ⅰ”（指质量很大、年龄很小、发出蓝色光而明亮的恒星群体）和“星族Ⅱ”（指年龄大、发出红色光而明亮的恒星群体）。后来，天文学家们在此基础上，又把银河系中的恒星分为五个星族，它们分别是晕星族（主要由古老的恒星组成）、中介星族Ⅰ（主要由高速星组成）、盘星族、中介星族Ⅱ、旋臂星族（主要由年轻的恒星组成）。这些星族分别位于银河系中的不同位置，它们的名字也是根据各自的位置得来的。

星云是由星际物质聚集而成的。它的特点是体积巨大，质量巨大，密度极低，温度极低。银河系中的星云千姿百态，有的发出美丽的光芒（亮星云），有的则好像不发光（暗星云）。其实，星云本身是不发光的，有的星云之所以发光，是因为在它的附近有一颗明亮的恒星，恒星发出的光照射到星云上，星云再把它反射回来，照射到地球上，因此，我们感觉好像是星云在发光；有的星云之所以不发光，是因为星云把它附近的恒星所发出的光给掩盖住了，不能再把恒星光反射回来。

我们用肉眼可以看到的星云是“猎户座大星云”。它发出淡绿色的光芒，是宇宙中最美丽的天体之一。这块星云主要由电离的氢组成，它的质量约为太阳质量的300倍。

星际分子云主要由星际分子密集组成。星际分子主要有氢分子、一氧化碳分子等，现在已经证实银河系中有50种以上的星际分子云。

离地球最近的星际分子云位于猎户座大星云的背后，它由两部分组成，总质量相当于1万多个太阳的质量。银河系有4000个以上这样大的星际分子云，它们主要由氢分子组成，总质量相当于1万到1000万个太阳的质量。

星际尘埃主要是直径约为$10^{-5}$或$10^{-6}$厘米的固态颗粒。它主要由水、氨、二氧化硅、三氧化二铁等物质组成，它的总质量约占星际物质的10％。星际尘埃往往和星际分子混在一起。

既然银河系由恒星、星云、星际分子云和星际尘埃等组成，那么，银河系的结构是怎样的呢？它到底是什么模样呢？

从不同角度观测银河系，就会得出不同的结构形状。如果从侧面看银河系，那么，银河系的形状就像一个铁饼或透镜一样的圆盘。这个圆

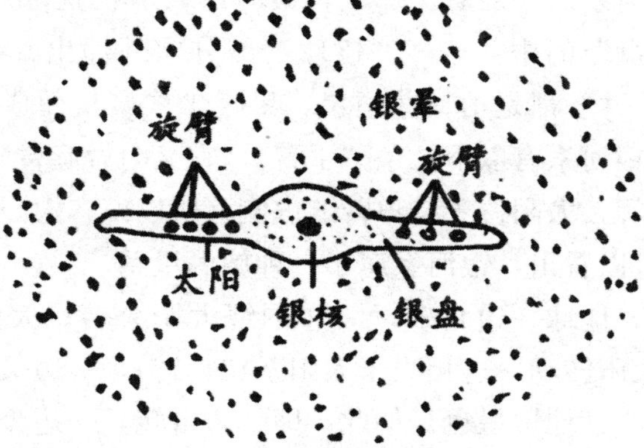


银河系结构示意图

盘被称为“银盘”，银河系中的恒星都分布在这个银盘内；银盘中心的平面被称为“银道面”；在银盘中心，有一个向上隆起的椭球状的部分，它被称为“核球”，核球中心还有一个更密集的区域，它被称为“银核”；银盘外面还有一个范围更大、近似球状的系统，被称为“银晕”；银晕外面还有一个近似球形的系统，它被称为“银冕”。

如果从银河系的上面看，那么，银河系的形状就像是水中的旋涡。银河系从“银盘”的中心——“核球”部分向外伸出几条长长的“手臂”，这些“手臂”都是由一些恒星、星际尘埃聚集而成的。目前，人们已经观测到银河系有以下几条“手臂”（它又叫做旋臂）：英仙臂、猎户臂、人马臂等，太阳位于猎户臂的内侧（所以说，太阳不是银河系的中心）。由此可以看出，银河系属于一种旋涡星系。

我们知道，地球一边自转，一边围绕太阳公转；太阳系一边自转（九大行星绕太阳转动，这相当于太阳系在自转），一边又围绕银河系的中心进行公转，其他恒星也是如此，即一边自转，一边公转；整个银河系也是一边自转（恒星围绕银河系的中心转动，就相当于银河系在自转），一边向前运动。宇宙是运动的，不是静止的。

（二）河外星系

河外星系就是指银河系以外的星系，简称星系。宇宙中有数以亿计的星系，银河系只是其中的一个普通的星系。

1. 康德的伟大预言。

首先推测在银河系以外还有河外星系存在的天文学家，就是德国著名的天文学家和哲学家康德。他在自己写的《宇宙发展史概论》（1755年出版）这本书中就指出，宇宙就像无边无界的海洋一样，是无穷无限的，我们所在的银河系就像是海洋的一个孤岛，他把这样的岛叫做“宇宙岛”。他认为，宇宙中有许许多多这样的宇宙岛，它是由这些数量无穷而大小有限的宇宙岛所组成的无限总体。康德能在那个时代就预言有河外星系存在是很不简单的。

然而，后来的许多天文学家都只注意观测银河系，没有过多地去注意银河系以外的其他天体。他们通过观测知道，银河系中含有一千多亿个像太阳系这样的恒星系，便感到银河系已经是一个巨大的天体系统了，银河系以外不会再有其他星系，银河系以及它身边的大小“麦哲伦云”星系（也是一个星系，离银河系比较近）就是整个宇宙，宇宙是由它们组成的。此时，他们不再注意康德上面的预言了。

但是，随着天文科学技术的发展，人们感到银河系外还有许多星系，那种认为银河系就是宇宙的观点是错误的。

2. 河外星系的发现。

20 世纪初，天文学家们发现了一个新的大星云。这个星云暗淡并且模糊，呈现出旋涡的形状，和银河系的形状很相似（银河系的形状也是旋涡形）。天文学家们把这个星云叫做“仙女座大星云”。

既然“仙女座大星云”与银河系很相似，那么，这个星云是位于银河系以内，还是位于银河系以外呢？换句话说，它是属于银河系之内的星云，还是独立于银河系以外的星系呢？围绕着这个问题，科学家们展开了一场激烈的争论。

争论的一方是以美国天文学家柯蒂斯（H. D. Curtis，1872—1942）为代表的天文学家们，他们认为，“仙女座大星云”是一个独立存在的天体系统，是一个河外星系；争论的另一方则是以另一位美国天文学家沙普利为首的天文学家们，他们认为，“仙女座大星云”属于银河系之内，是位于银河系之内的一个星云。

1920 年 4 月，在美国华盛顿国家科学院的一次会议上，争论双方各执己见，互不相让，但一方又不能完全把另一方说服，因此争论也没有明确的结果。

事实胜于雄辩。从 1910 年开始，美国天文学家哈勃（E. P. Hubble，1889—1953）就用望远镜对“仙女座大星云”进行观测。他发现，这个星云是由大量恒星组成的，它距离银河系有 90 万光年。于是他断定，“仙女座大星云”是银河系以外的天体系统，是一个河外星系。

到了 1944 年，美国天文学家巴德对“仙女座大星云”又进行了观测。他推算，这个星云到银河系的距离要比 90 万光年大，是 230 万光年。到此，这场争论结束了。人们普遍认为，银河系并不能代表整个宇宙，它只是宇宙中极普通的一员，银河系以外还有许多河外星系。星系是宇宙的基本组成和结构单元。

## 二、宇宙的起源及演化——“大爆炸宇宙假说”

宇宙既然是由无数颗像太阳、地球这样的恒星、行星等天体物质组成的，那么，宇宙到底是怎样起源和演化的呢？美国物理学家伽莫夫在继承前人研究成果的基础上，创立了“大爆炸宇宙假说”，对宇宙的起源及其演化的过程进行了科学性的论述。

（一）伽莫夫的生平

1904年，伽莫夫生于俄国南部的敖德萨城。童年时代的伽莫夫聪明好学，一个偶然的机会，他得到了一架小型望远镜和一架显微镜。从此，他开始观测天空中的星星（用望远镜），观看周围的小生物（用显微镜）。他特别喜欢用望远镜观看星星，决心长大以后成为一名天文学家。

伽莫夫

上大学以后，他曾经先后跟随数学家弗里德曼学习数学，支持弗里德曼的“膨胀宇宙结构模型”。此外，他还跟随物理学家玻尔、卢瑟福和玻恩学习核物理学。

1933年，伽莫夫从俄国到美国定居，开始从事天体物理学方面的研究，用物理学的知识去研究宇宙起源及其演化问题，先后发表了《膨胀宇宙和元素的起源》《化学元素的起源》等论文。接着，他在此基础上，又创立了“大爆炸宇宙假说”。

（二）“大爆炸宇宙假说”的创立

早在1932年，比利时天文学家勒梅特就提出了宇宙起源于一次大爆炸的假说。他认为，宇宙最初是一个"原始原子"，后来，这个"原始原子"发生了一次猛烈的大爆炸，"原始原子"里面的物质向四面八方散开，于是便形成了现在的宇宙。

1948年，伽莫夫在勒梅特研究理论的基础上，通过自己的科学研究，对宇宙爆炸的详细过程又进行了论述，正式创立了"大爆炸宇宙假说"。

伽莫夫认为，宇宙在最初时（距今200亿年以前），是一个温度极高、密度极大的"原始火球"。在这个"原始火球"内，充满着许许多多的基本粒子。后来，这些基本粒子发生相互碰撞，产生核聚变反应，同时产生极大的热量和能量。当这些能量和热量达到极大、极高的时候，"原始火球"就发生了剧烈的大爆炸。在发生爆炸的过程中，"原始火球”向外膨胀，火球内的物质和能量随之向外扩散，温度也逐渐降低，核聚变反应停止，它所产生的各种元素又通过相互间的吸引和排斥作用，形成了恒星、行星及其他物质。于是，就形成了现在的宇宙。当然，从宇宙爆炸到形成现在的宇宙，需要经过漫长的时间，时间大约是150亿～200亿年。

少年朋友们能够想象得出宇宙大爆炸时的情景吗？我们可以用原子弹爆炸时的情景来形象地比喻一下。

第一颗原子弹于1945年7月16日在美国新墨西哥州的大沙漠地区爆炸。

当时的情景是这样的：先是出现一道耀眼的闪光；紧接着就是一股飓风挟着震耳欲聋的呼啸声；同时，人们看到了一轮巨大的绿色火球腾空而起，光亮刺目，在不到1秒钟的时间内，这个巨大火球就升到了8000英尺（约2400米）的高空中，把大地和周围的天空都照得通明；这个巨大火球在向上升腾的过程中，它的颜色也不断地发生着变化，从深紫色变成橙黄色；同时，火球也逐渐地向外膨胀，形成了一个巨大的蘑菇云；紧接着，它又向上升起，又形成了一个蘑菇云……

当然，由于宇宙在最初时，它内部所含的物质和能量要比原子弹多得多，因此，宇宙大爆炸比原子弹爆炸要剧烈得多，壮观得多。

伽莫夫不仅给我们生动地描绘了宇宙大爆炸的壮观景象，而且他还预言：①宇宙大爆炸时产生的能量辐射到现在仍然存在；②由于现在的恒星、行星等天体都是在爆炸以后产生出来的，因此这些天体的年龄应该比宇宙的年龄小；③宇宙在大爆炸时产生了许多氦元素，所以现在的宇宙中应该有大量的氦。

伽莫夫创立了“大爆炸宇宙假说”以后，并没有引起天文学家们的注意，他的预言也没有被证实。所以，他的假说并没有立即产生影响，甚至还被人们遗忘了。

到了1965年，美国两位天文学家彭齐亚斯（A. A. Penzias）和威尔逊（R. W. Wilson）在进行天文观测及研究过程中意外地发现，在宇宙中存在着奇怪的噪声，他们称之为“微波背景辐射”。经过研究，他们认为这种噪声就是宇宙在大爆炸以后遗留下来的残余的能量辐射波，从而验证了伽莫夫的预言。以后，天文学家们又通过观测研究发现，宇宙中的天体年龄确实比宇宙的年龄小，大都小于 200 亿年；宇宙中也的确存在着大量的氦物质。这样，伽莫夫的上述预言都被证实了。于是，伽莫夫的“大爆炸宇宙假说”才得到了人们的承认。

彭齐亚斯和威尔逊因为发现了伽莫夫预言的“微波背景辐射”，而于 1978 年荣获诺贝尔物理学奖。然而，我们认为伽莫夫更应该获得这项大奖，因为他既创立了一个伟大的科学假说，又做出了天才的预言。令人遗憾的是，伽莫夫在 1968 年去世了，但人们不会忘记伽莫夫为现代宇宙学的发展所作出的伟大贡献。

（三）宇宙起源及演化的过程

自从伽莫夫的“大爆炸宇宙假说”被重新重视以后，天文学家们对宇宙的起源及其演化过程又进行了研究，向人们展示了更为详细而生动的情景。具体说来，宇宙的起源及其演化分为以下几个时期：

1. 量子形成时期。

这个时期是指“原始火球”爆炸后 $10^{-44}$ 秒之内的时期。在这一时期，宇宙的温度极高，达到 100 亿～150 亿摄氏度，密度极大，达到 $10^{94}$ 克/厘米$^3$，宇宙中所存在的物质都是微观的量子。就是说，这一时期的宇宙是一个超高温、超密度的由量子组成的宇宙。

2. 质子形成时期。

这一时期是指宇宙爆炸后的 $10^{-44}$ 秒到 $10^{-36}$ 秒之间。这时，宇宙的温度和密度虽然都有所降低，但它仍然是一个高温、高密度的宇宙。此时，宇宙中的量子已经转变成大量的实物粒子，这种粒子就是质子。

3. 强子形成时期。

这一时期是指宇宙爆炸后的 $10^{-36}$ 秒到 $10^{-4}$ 秒之间。这时，宇宙的温度和密度的值继续下降，宇宙中除了含有质子以外，还有中子、π介子等微观粒子以及它的反粒子。这些粒子和反粒子都能发生强相互作用，因此我们可以把它们叫做“强子”。强子在相互作用的过程中会转变为另一种物质粒子，同时迅速产生大量的能量，从而引起宇宙又一次发生大爆炸。可见，宇宙在起源及演化过程中，发生过不止一次的大爆炸，宇宙正是在这样多次的大爆炸过程中逐渐形成的。

4. 轻子形成时期。

这一时期是指宇宙爆炸后的 $10^{-4}$ 秒到 10 秒之间。这时，宇宙的温度和密度的值继续下降，宇宙中的中子发生衰变，生成了电子、光子、质子、中微子等粒子，同时释放能量。其中，电子、光子、中微子等粒子比较多。这些粒子被称为“轻子”。当时它们是混合在一起的，后来，随着宇宙的膨胀，温度和密度的降低，中微子便与电子、光子发生分离，成为自由粒子。

5. 辐射时期。

这一时期是指宇宙爆炸后的 10 秒到 $10^{13}$ 秒之间。这时，宇宙的温度和密度值再继续下降，宇宙中主要包含着光子和中微子，它们彼此独立地发生膨胀，使得宇宙开始向周围辐射出大量的能量和热量，闪耀着耀眼的光亮，此时的宇宙是最明亮的。宇宙在辐射过程中，它内部的各种粒子又发生着剧烈的相互作用：电子和质子相结合，生成大量的氢原子；中子和质子相结合，生成了许多氢的同位素——氘核，它们又相互结合，生成了氦原子。因此在这一时期，宇宙中含有大量的氢和氦这两种原子。从此，宇宙开始进入形成物质的时代。

6. 物质形成时期。

这一时期是从宇宙爆炸后的 $10^{13}$ 或 $10^{14}$ 秒开始的。在此之前，宇宙所生成的氢和氦物质都处于离子状态，不能单独存在。这时原来处于电离状态的氢离子和氦离子开始发生复合反应，生成了能够单独存在的氢和氦两种物质。以后，这些物质又相互聚积，形成了原始星系，原始星系又逐渐演化成星系集团、星系、恒星系、恒星、行星和其他星际物质。

经过上述一系列的演化过程，现在的宇宙形成了。目前，宇宙仍处于大爆炸之后的膨胀状态，宇宙仍在膨胀着。

（四）宇宙的未来

宇宙的未来将会是怎样的一番情景呢？是继续膨胀下去，还是开始收缩呢？

一种观点认为，宇宙将会永远地继续膨胀下去，成为一个“开放型”的宇宙；另一种观点认为宇宙不会永远地膨胀下去。当宇宙膨胀一定程度时，它的膨胀速度将会逐渐减慢，最后停止。以后宇宙开始由膨胀转为收缩，最后，宇宙又收缩到一个极小的区域，接着又再一次发生大爆炸，重复上面的起源和演化过程。宇宙就是这样永远处于一种膨胀、收缩、爆炸、再膨胀、再收缩的无限循环状态，成为一种无限循环着的“闭合型”宇宙。

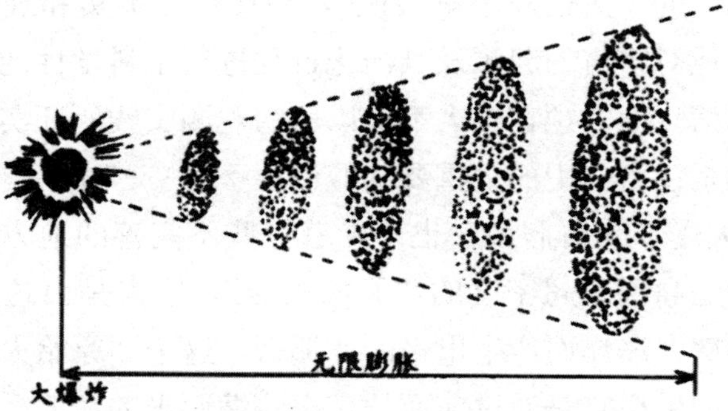


无限膨胀（有起点无终点）的“开放型”宇宙起源与演化示意图

目前，大多数天文学家都支持第二种观点，即宇宙是一个无限循环的“闭合型”宇宙，它将来会由膨胀转为收缩，开始准备下一个演化。这种观点既可以解释宇宙的起点，也能够解释宇宙演化终点。第一种观点虽然解释了宇宙演化的终点（无限膨胀下去），但它解释不了下面的

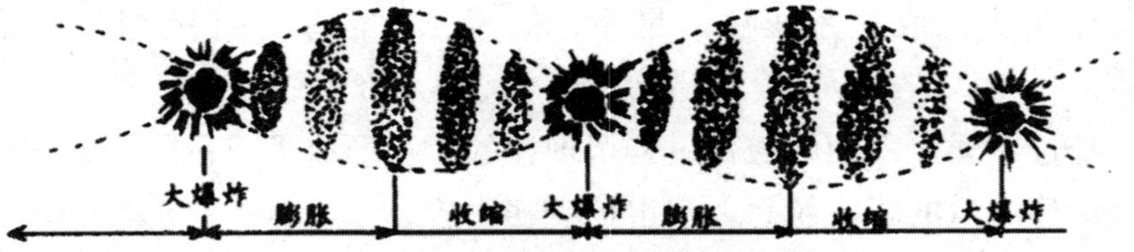

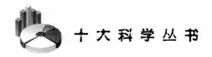

无限循环的“闭合型”宇宙起源与演化示意图

问题：宇宙既然起始于一次原始大爆炸，那么在这次大爆炸之前，宇宙是什么样子呢？难道说没有宇宙，宇宙是从无中起源的吗？是无中生有的吗？而第二种观点则可以解释这个问题：在这次大爆炸之前，宇宙处于收缩状态，爆炸是由宇宙收缩产生的。因此，相比之下，第二种观点比第一种观点容易让人理解。

围绕着宇宙将来的问题和上述两种观点哪一个正确的问题，天文学家们展开了研究，希望从中寻找出正确的答案。当然，这个问题也等待少年朋友们去解决。

伽莫夫创立的“大爆炸宇宙假说”，是在观测事实和理论分析的基础上完成的，他对宇宙的起源及其演化过程进行了科学性的论述，容易让人理解和相信；他的预言也大都被以后的观测实践所证实。因此，这个假说被认为是宇宙学中的最重要的假说。

然而，“大爆炸宇宙假说”也存在着一些不完善的地方。它认为宇宙最初是一个超高温、超密度的“原始火球”，宇宙是由这个“原始火球”发生了一次大爆炸而产生出来的。那么，这个“原始火球”又是如何形成的呢？如果说它是通过前面的宇宙收缩而来的，那么，它又是如何通过收缩形成的呢？对此，伽莫夫没有说明，他只论述了现在宇宙的起源及其演化。其实，除了我们现在的宇宙以外，还有其他宇宙。那么，其他宇宙也是从大爆炸形成吗？对此，伽莫夫更没有涉及。

另外，“大爆炸宇宙假说”之所以能够让大多数人相信，主要是因为天文学家们已经发现星系正在离我们远去（这说明宇宙正在膨胀），宇宙中还有“微波背景辐射”（这被认为是宇宙在大爆炸之后残留下来的辐射波，证实了伽莫夫的预言）等现象。但是，仅仅凭借这些发现，也很难说这个假说是完全正确的，况且有的天文学家不认为这些发现就能说明宇宙在膨胀，说明宇宙来源于一次原始大爆炸。“大爆炸宇宙假说”仍然需要进一步修正和完善。

茫茫宇宙，浩浩星空，蕴含着无穷的秘密，存在着许多未解之谜。它正等待广大少年朋友去探索。正如我国古代爱国主义诗人屈原所说：“路漫漫其修远兮，吾将上下而求索。”宇宙虽然是很难理解的难题，但它又是可以运用科学知识来解决的难题，就像伟大的科学家爱因斯坦所说：“宇宙间最不可理解的事物就是，宇宙是可以理解的。”

# 地球表面是怎样形成的呢

## ——摩根等人的“板块构造假说”

少年朋友们从自然常识和地理教科书上，或者从广播和电视里，已经对地球有了一定程度的了解。地球表面既有陆地，也有海洋；既有高山，也有平原。地球表面以她得天独厚的优越的自然环境条件，孕育出了千姿百态的万种生物，创造出了绚丽多彩、繁荣向上的人类文明。

然而，少年朋友们可知道地球表面是怎样形成的吗？是自古就有的呢，还是逐渐演变的呢？是什么原因使地球表面成为今天这个样子的呢？

围绕着这个问题，许多地球科学家进行了长时间的反复分析和研究，先后提出了许多科学假说，“板块构造假说”就是其中的一个。

## 一、地球表面概况

地球在结构上分为内部结构和外部结构两大部分。地球内部从外向内由地壳、地幔和地核三层结构组成；地球外部由大气圈、水圈和生物圈组成。

（一）地球的内部结构

1. 地壳。

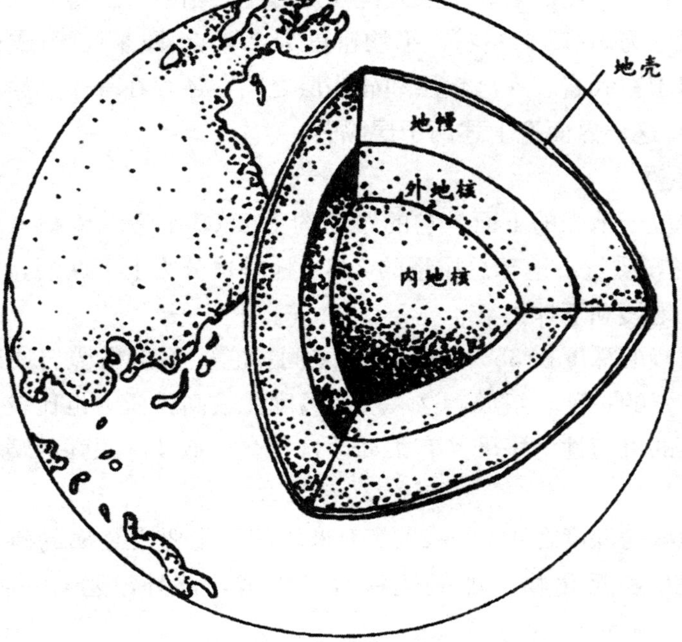


地球内部构造示意图

地壳是地球内部结构中的最外一层，它主要由坚硬的岩石构成，厚度各有差异。大陆地壳较厚，海洋地壳较薄。大陆地壳的平均厚度为33～35千米，其中，高山地区的地壳较厚，最厚的是我国青藏高原的地壳，它的厚度达到70多千米，而平原地区的地壳较薄。海洋地壳的平均厚度为6～7千米，最厚达到8千米，最薄不到5千米。从总体上看，整个地球地壳的平均厚度大约是16～17千米，只占地球半径的1/400，它的体积也只有地球体积的3%左右。

大陆地壳和海洋地壳虽然都是地壳，但它们各自在结构组成上又是不同的。大陆地壳具有双层结构，上层是硅铝层，主要由硅、铝等物质组成，它的平均厚度是10千米，平均密度是2.7克/厘米$^3$，组成硅铝层的岩石相当于花岗岩；下层是硅镁层，主要由硅、镁等物质组成，它的平均厚度为30千米左右，平均密度为2.9克/厘米$^3$，组成硅镁层的岩石相当于玄武岩。在硅铝层和硅镁层之间，还存在一个“康拉德不连续界面”，这个界面把上述两个层隔开。

2. 地幔。

地幔位于地壳的下面，它的厚度约为2800千米，体积占地球总体积的82％，质量占地球总质量的2/3。地幔也分为上下两层，它们分别被叫做上地幔和下地幔。

上地幔的深度在35～1000千米之间，它主要由橄榄岩质的超基性岩石（岩石的一种）组成。这一层的温度比较高，压力也比较大，岩石具有较强的可塑性（坚硬又有柔韧性，具有类似硬度很强的塑料那样的性质）。

下地幔的深度在1000～2900千米之间，主要由金属的硫化物（如硫化铁等）和氧化物（如氧化铁等）组成，此外，还有一些硅酸盐物质。

在上地幔和下地幔之间，还有一层过渡层。在紧靠上地幔的下面，有一层温度很高、比较柔软的软流层，它托着上面的岩石层（即上地幔层和地壳），并为它提供能量和动力。软流层是地球岩浆的发源地，火山爆发时向外喷射出的大量岩浆就是从软流层中产生的。

3. 地核。

地核位于地幔的下面，是地球的中心部分，它的厚度大约为2900千米，体积占地球总体积的16％以上，质量约占地球总质量的1/3。地核主要由铁和镍等物质组成，它们大都是固态或液态。地核的温度、压力随着它的深度增加而增大，地球中心附近的密度为13克/厘米$^3$，温度为5000～6000℃。

地核也分为两部分，外面的部分叫做外地核，里面的部分叫做内地核，在外地核和内地核之间也存在着一个过渡层。外地核的厚度为

1742 千米，过渡层的厚度为 515 千米，内地核的厚度为 1216 千米。组成外地核的物质是液态物质，组成过渡层的物质是液态和固态两种物质，组成内地核的物质是固态物质。

地球不仅发生自转与公转运动，而且它的内部也在运动着。地壳部分的火山活动和地震就是地壳快速运动的表现；在地幔部分附近发生着岩浆活动；在地核部分也发生旋转运动。据 1996 年英国《自然》杂志报道，英国科学家研究发现，地球的内地核部分发生着快速的旋转运动，它的速度甚至比地球总体的自转速度还快。整个地球都是运动的。

有的少年朋友会问，这些运动一定需要很多能量吧？这些能量从何而来呢？

原来，地球内部存在着许多放射性物质，这些物质在发生衰变的同时产生出巨大的能量。此外，地球自转时内部物质会产生一种旋转能量；地球内部物质上升或下降时，会产生一种重力能；地球内部岩浆冷却凝固时，会产生一种结晶能。这些能量成为地球内部运动的主要能源。

（二）地球的外部结构

1. 大气圈。

大气圈是环绕地球最外层的气体圈，它主要由氮气、氧气、二氧化碳等气体组成，质量约为 5136 万亿吨。大气圈从上到下可分为对流层、平流层、中间层、热成层和外逸层。

2. 水圈。

水圈是包围地球表层的水体圈层，它由海洋、河流、湖泊、沼泽、冰川、地下水等各部分组成，总质量约为 145.4 亿吨，总体积约为 14.54 亿立方千米，其中，海洋体积约为 137000 万立方千米，占整个水圈的 94.7%；陆地水的体积约为 8431.32 万立方千米。水是生命的摇篮，是文明的发源地。

3. 生物圈。

生物圈是地球表面生物生存和活动的地方。生物包括动物、植物和微生物，它（他）们遍布地球的整个表面，在10千米以上的高空，在距离地表3千米以下的深处和海洋深处，都有生物存在。地球表面正因为有生物存在，才与太阳系中甚至宇宙中的其他天体不同，成为一个充满生机和活力的世界。

我们虽然把地球结构划分为外部结构和内部结构，但它们却是紧密相关的。地球外部结构中的水圈和生物圈是位于地球内部结构中的地壳之上的，没有地壳的支撑，水圈和生物圈就失去了存在的根基。因此，我们还是把地壳当做地球表面来看待，并且正是由于地壳的组成、形状不同，才使得地球表面有了像今天这样的形状。因此要知道地球表面是怎样形成的，就要了解地壳是怎样形成的。

围绕着这个问题，地质学家和地理学家们都先后进行了长期艰苦的探索，提出了许多科学假说，其中最有说服力的科学假说，就是我们将要介绍的“板块构造假说”。

## 二、“板块构造假说”的创立

“板块构造假说”的创立，经历了很长的历史过程。其间，经历了从“大陆漂移假说”到“海底扩张假说”，又从“海底扩张假说”到“板块构造假说”的历史演变。因此，要介绍“板块构造假说”的创立及其内容，还需要从“大陆漂移假说”说起，它是“板块构造假说”的前身。

（一）“大陆漂移假说”

“大陆漂移假说”最先是由美国地质学家贝克（H. B. Baker）和泰勒（F. B. Taylor，1860—1930）分别于1908年和1910年提出的。1908年，贝克提出，在距今2亿年以前，地球上所有的大陆是连接在一起的，是一整块大陆。后来，这块大陆逐渐分开成若干个小块大陆。1910年泰勒经过研究分析指出，现在地球上的大陆正向赤道方向漂移。

1912年，德国气象学家魏格纳（1880—1930）正式提出了“大陆漂移假说”，对大陆漂移的过程及其原因进行了全面、系统的阐述。因此，人们称他是“大陆漂移假说”的创始人。

1. 魏格纳的生平。

魏格纳

魏格纳于1880年11月1日出生在德国柏林一个孤儿院院长的家庭里，他的父亲是一位神学博士，研究宗教神学。少年时代的魏格纳并不是一个神童，他在学习方面也不是出类拔萃的，他的“数学、物理学和其他自然科学的天赋能力是很一般的”，但是，他却具有“敏锐的洞察力”和“非凡的预见力”，“还有严谨的逻辑判断能力”。此外，最重要的是他还具有一名科学家所必备的自信心和进取心、勤奋和勇气。这些优秀的品格和精神，为魏格纳不畏艰险到北极恶劣环境中进行考察，创立“大陆漂移假说”奠定了良好的基础。

为了使自己的身体能够满足去极地探险和进行气象观测的要求，魏格纳在大学学习期间，多次在崎岖不平、树丛密布的雪地上练习滑雪技术；他还奋不顾身地投入到高空探测气球的活动中，并在1906年举行的戈登、贝尔特空中气球的比赛中，一举打破了世界纪录。

大学毕业后，魏格纳便跟随他的老师——气象学家柯彭教授研究高空气象学。他经常到各地去探险考察，回来后便一边整理他所获得的第一手资料，一边分析关于天文学和气象学方面的科学问题，写出了关于“大气圈热力学”方面的书稿。

正当魏格纳全力投入研究气象学的时候，第一次世界大战于1914

年爆发了。他被迫应征入伍，开赴前线，他的科学研究也被迫中断了。

然而，即使在残酷的战争岁月中，魏格纳也没有放弃科学研究。他经常利用战争间隙，独自研究地球表面各个大陆的相互关系及其起源问题。

在战争中，魏格纳身负重伤，被转入到后方医院治疗。从此，魏格纳离开了烽火连天的战场，重新开始他的科学研究工作。

1915年，在第一次世界大战的炮火中，魏格纳写出了他的划时代著作《海陆的起源》，全面、系统地阐述了他的“大陆漂移假说”。

“大陆漂移假说”形成以后，魏格纳并没有因此停止他的研究工作。他先后4次（从1906年到1930年）去格陵兰地区探险，搜集第一手研究资料来丰富、完善他的“大陆漂移假说”。

在第四次科学探险中，魏格纳不幸遇难，为神圣而伟大的科学事业献出了自己宝贵的生命。

2. “大陆漂移假说”的形成。

魏格纳产生出“大陆漂移”想法的最早时间是1910年。一天，魏格纳在阅读世界地图时，发现了一个奇怪现象，那就是在地图上，巴西东端直角突出部分与喀麦隆附近非洲海岸线的凹进部分完全吻合。也就是说，如果巴西海岸有一个海湾，那么，非洲海岸就有一个凸出部分与它相呼应。看到这种现象，魏格纳的脑海中立即产生了一个想法：美洲大陆和非洲大陆在远古时期也许是一块大陆，后来在海洋的作用下，被漂移分开成两块大陆。

当初，魏格纳还没有认识到自己的这个想法有多大的意义和价值，也就没有继续研究这个问题，以后差不多把它忘记了。

到了1911年，在一次偶然的机会里，魏格纳从一本论文集中读到了下面的一段话：“根据古生物的论据，巴西和非洲曾经有过陆地连接。”这段话立即引起了魏格纳的注意，由此他马上联想到自己于1910年所产生的上面那种想法。他意识到，位于大西洋两岸的非洲和美洲大

陆形状的相似不是偶然的，也不是毫无意义的，而是一个很值得研究的重大科学问题。如果认真研究这个问题，就会获得重大的理论成果。于是，他立即选择了这个研究课题进行科学探险和考察，从原来的气象学研究转到地质学研究。

当魏格纳把自己的上述决定告诉给他的导师——气象学家柯彭教授，希望得到他的支持和帮助的时候，却遭到反对。柯彭教授劝告魏格纳说："以前，有许多人都想研究大西洋两岸（即非洲和美洲）为什么相似这个问题，而且为此花费了很多时间和精力，结果都是枉费心血，没有获得什么研究成果。我劝你不要白白地浪费时光，重蹈他们的覆辙了，你应该把时间和工夫花在气象学研究上!”

魏格纳对他的导师很尊重，他没有拒绝导师的劝告，但他也没有因此而放弃自己所选择的研究大陆漂移的课题，一直独自默默地进行研究。他相信，自己选择的科学研究课题是一项伟大的事业，只要沿着这条道路坚持不懈地一直走下去，就会获得成功。

辛勤的汗水换来了丰硕的成果。1912 年，魏格纳分别在法兰克福城的地质协会和马尔堡科学协会上作了两次学术演讲，向在座的科学家们宣布了自己的研究成果。这两次演讲的题目分别是《在地球物理学的基础上论地壳轮廓（大陆与海洋）的生成》和《大陆的水平移位》。后来，魏格纳把他的这两次演讲内容整理出来，写出了两篇学术论文，在学术刊物上公开发表了。

以后，魏格纳又马不停蹄地继续进行研究，全面、系统地分析、论述了自己的“大陆漂移假说”，终于在 1915 年写成了一部题目叫做《海陆的起源》的具有划时代意义的地质学著作，正式创立了“大陆漂移假说”，掀起了一场伟大的地质学革命。

3. “大陆漂移假说”的主要内容。

魏格纳是这样论述他的思想的：

第一，陆地和海洋底部是由地壳两个层次不同的岩石组成的，大陆属于硅铝层岩石，比较轻；海洋底部岩石属于硅镁层岩石，比较重。这样，大陆就像一座巨大的冰山一样，在海洋中漂浮着，可以进行移动。

第二，在古生代末期（距今 2.2 亿～2.7 亿年），地球上的大陆只是一个统一的“联合大陆”（这个词的英文是 Pangaea）。这个“联合大陆”由两部分连接组合而成，一部分是北方的“劳亚古陆”，它包括现在的北美洲、欧洲和亚洲（不包括印度）；另一部分是南方的“冈瓦纳古陆”，它包括现在的南美洲、非洲、南极洲、澳洲和印度。

第三，到了中生代时期（距今 1.8 亿年），这块“联合大陆”开始发生漂移、分离。它们漂移的方向一是从两极向赤道漂移，二是向西漂移。经过漫长的时间，逐渐形成了现在的几个大陆和无数个岛屿，原来的海洋也因此而被分割成几个大洋（如大西洋、太平洋等）和若干个海（如东海、黄海、日本海等）。也就是说，联合大陆经过漂移，分离成现在的七大洲和四大洋。

**地球演化历程**

| 代 | 纪 | 距今年龄（百万年） | 生物发展阶段 | |
|---|---|---|---|---|
| | | | 动物界 | 植物界 |
| 新生代 | 第四纪 | 1 | 人类时代 | 被子植物时代 |
| | 新近纪 | 25 | 哺乳动物时代 | |
| | 古近纪 | 70 | | |
| 中生代 | 白垩纪 | 135 | 爬行动物时代 | |
| | 侏罗纪 | 180 | | 裸子植物时代 |
| | 三叠纪 | 225 | | |
| 古生代 | 二叠纪 | 270 | 两栖动物时代 | |
| | 石炭纪 | 350 | | 陆生孢子植物时代 |
| | 泥盆纪 | 400 | 鱼类时代 | |
| | 志留纪 | 440 | 海生无脊椎动物时代 | |
| | 奥陶纪 | 500 | | 海生藻类时代 |
| | 寒武纪 | 600 | | |
| 元古代 | | 1800 | 最低等原始动物 | |
| 太古代 | | 3500 | 最低等原始生物产生 | |
| 地球演化的天文时期 | | 4500 | 地球物质的分异和圈层的形成 | |

第四，推动大陆发生漂移的动力有两种力，一种是地球自转所产生的离心力，这种力推动大陆向赤道方向漂移；另一种是太阳和月球吸引地球，使地球表面出现的潮汐摩擦力，这种力推动大陆向西漂移。

魏格纳为了论证他的“大陆漂移假说”，进行了大量的科学考察，搜集获得了许多事实证据。

他在考察研究中发现，美洲的布宜诺斯艾利斯（地名）山地与南非洲的开普山脉，在地质构造、岩石的层次等方面都很相似；非洲的片麻岩高原和巴西的片麻岩高原十分相似；巴西东岸的马尔山脉与中南非洲西岸在岩石组成上完全相同。这充分说明，非洲和美洲巴西这两块大陆原来是连在一起的，后来经过漂移才分离成两块。

魏格纳通过对大西洋两岸大陆的古生物化石进行考察与分析发现，在古生代的石炭纪时期（距今 2.7 亿～3.5 亿年左右），大西洋两岸有 64％的爬行类动物属于同一个生物种；在中生代的三叠纪时期（距今 1.8 亿～2.25 亿年左右），大西洋两岸有 32％的爬行类动物属于同一个生物种。这也说明，在远古时代，大西洋两岸的大陆是由同一个大陆经过漂移分离形成的（如果是两块大陆，那么大西洋两岸的生物不应该相同）。

除此之外，魏格纳还通过研究古气候学、大地测量学以及天文学，找到了许多能够证明“大陆漂移假说”的科学事实根据，从而使他的科学假说更具有科学性和说服力。

4.“大陆漂移假说”的影响。

魏格纳创立了“大陆漂移假说”以后，在当时的地质学界产生了强烈的反响，引起当时地质学家们的广泛重视和争论。魏格纳写的《海陆的起源》这本书很受读者们的欢迎，曾经先后出了 3 个修订版本，还被翻译成多种文字在世界各国流传。我国也把这本书翻译成中文，由商务印书馆于 1977 年出版了。

“大陆漂移假说”随着《海陆的起源》的出版而传到世界各国。各国学者纷纷来德国拜访魏格纳，与他进行学术交流，魏格纳热情地接待了他们。科学无国界，共同的思想，共同的追求，把他们紧密地联系在一起、团结在一起了。

前面我们给少年朋友们介绍的几种科学假说都认为地球表面是运动

的，不是静止的。除此之外，还有一种旧的落后的观点，认为地球表面不是运动变化的，而是静止的，现在地球表面的形状，大陆和海洋的分布，早在地球一形成时就已经确定了，从那时至今一直保持不变。这种观点被称为“大陆固定假说”。由于“大陆固定假说”很符合当时宗教神学势力的意愿，因此它受到宗教统治者的欢迎。

但是，魏格纳创立的“大陆漂移假说”与“大陆固定假说”是完全对立的，因此“大陆漂移假说”一出现，立即就遭到“大陆固定假说”支持者们的强烈反对。1919～1928年，双方持续展开了激烈的争论。1926年，在美国纽约召开的首届大陆漂移理论讨论会上，“大陆漂移假说”的支持者与“大陆固定假说”的支持者展开了针锋相对的争论，但没有得出明确的结论。

“大陆漂移假说”遭到“大陆固定假说”的反对，恰恰说明了“大陆漂移假说”冲破了传统地球科学理论的束缚，宣传一种新的地球科学思想，为辩证唯物主义自然观的建立，起到了积极作用，它的影响和价值也正表现在这里。通过连续几次的科学争论，“大陆漂移假说”受到越来越多人的支持与欢迎，它的影响更大了。

5.“大陆漂移假说”的局限性。

正像任何一种科学假说都既有正确的一面又存在错误的地方一样，“大陆漂移假说”也有许多不完善甚至错误的地方。

例如，魏格纳把大陆比喻成一座巨大的冰山，像一艘巨大的轮船一样在海洋中漂移。我们认为，魏格纳的这种说法是不恰当的。我们已经知道，大陆和海洋底部都是地球的地壳，它们相互之间是紧密相连的。这样，即使说大陆能够在海洋中漂移，那么，它在漂移过程中，不但要冲破海水的阻力，还要不断冲开地幔物质，突破地幔物质的强大阻力。这样，大陆就像一艘巨大的航船在千里冰封的水面上航行一样，一方面要克服水的阻力，另一方面要克服冰的阻力。这就是说，大陆在漂移过程中，为了克服这些巨大的阻力，就需要有巨大的动力和能量。

那么，大陆从哪里得到这样巨大的动力呢？这种动力究竟是一种什么样的力呢？魏格纳认为，这种动力就是地球自转的离心力和太阳、月球吸引地球所导致的潮汐摩擦力。大陆正是在这两种动力的推动下进行漂移的。

然而，这两种力真的有这样大吗？根据天文学研究，这两种力虽然的确存在，但它们都是很小、很弱的。地球自转的离心力的最大值，也不超过地球重量的三百万分之一；潮汐摩擦力也是很有限的。而像澳大利亚大陆这样一块比较小的大陆（与欧洲、亚洲、非洲大陆相比）就有70亿吨重，整个地球表面大陆的重量就更大了。很明显，仅仅依靠地球自转的离心力和潮汐摩擦力是很难推动这样重的大陆漂移运动的。正因如此，有许多人尤其是那些“大陆固定假说”的支持者，都不相信魏格纳的假说，英国地球物理学家杰弗里斯（H. Jeffreys）等人就公然反对魏格纳，认为他提出的“大陆漂移假说”纯粹是虚构出来的。

当然，也有许多科学家仍然相信和支持“大陆漂移假说”。在此基础上，南非地质学家杜·托伊特（A. L. du Toit，1878—1948）、英国地质学家霍姆斯（A. Holmes，1890—1965）以及荷兰地质学家万宁—迈尼兹（F. A. Vening－Meinesz，1887—1966）等人又提出了“地幔对流假说”。他们认为，岩石中含有许多放射性物质，它们能够释放巨大的原子能和巨大的热能，这样巨大的能量能够促使地幔物质发生对流运动，这种对流运动能牵引着大陆进行漂移运动。

为了寻找大陆漂移的直接证据，修正并完善“大陆漂移假说”，魏格纳又几次到欧洲北部的格陵兰地区去探险和考察。1930年11月1日，也就是魏格纳50岁生日那天，他在赴格陵兰荒凉的冰原考察途中不幸遇难，为科学献出了自己的生命。

魏格纳去世以后，“大陆漂移假说”失去了坚强的支柱，在“大陆固定假说”的围攻和压制下，终于沉寂下来，暂时退出地质学领域的舞台。尽管如此，大批信仰和支持“大陆漂移假说”的科学家们仍然坚持继续开展修正和完善“大陆漂移假说”的工作。“海底扩张假说”和“板块构造假说”就是在此基础上产生出来的。

（二）“海底扩张假说”

这个假说是由美国地质学家赫斯（H. H. Hess）和美国地质学家迪茨（R. S. Dietz）于1961年各自独立地提出的。在介绍这个假说之前，我们先要了解什么是“洋中脊”和“海沟”。

1853年，欧洲和美洲为了铺设海底电缆，促进大洋两岸的通信与交流，开展了大规模的海底地貌测量活动。1922～1925年，德国海洋调查船“流星号”在用超声波技术探测大西洋的深度时，发现在大西洋中有一座很大的水下山脉，它高达3000米，宽2000千米，它的大小几乎可与陆地上的阿尔卑斯山脉和喜马拉雅山脉相媲美。这条水下山脉几乎贯穿全世界的各个大洋，成为这些大洋中的高大脊梁，因此，人们把它叫做“洋中脊”（也有人把它叫做“洋底高原”或“电讯高原”）。洋中脊是由两条平行的脊峰和中间的峡谷构成的，脊峰比周围的海底高1000～3000米，宽为1500千米左右，脊峰之间的峡谷深为1000～2000米，宽为几十千米甚至几百千米。

1889年前后，英国“伊格里亚”海洋探测船在探测太平洋深度时，发现在汤加群岛周围的海洋底部存在着一条最大深度为10675米的大海沟，它的深度比我国珠穆朗玛峰的海拔高度还多1830米。当时，他们把这条海沟叫做“汤加海沟”。

以后，人们发现，并非只有太平洋中有海沟，在其他海洋中也有海沟。海沟是地震活动最强烈的地方，几乎所有的大地震都发生在这个地方。

通过介绍“洋中脊”和“海沟”，少年朋友们会知道，世界上最高、最深的地方不是在陆地上，而是在海洋中，海洋中蕴藏着无穷的秘密。

此外，科学家们还发现了几个异常的现象：①在大洋中脊的顶部有很高的地热流，而在海沟附近的地热流却相对较低。②在大洋中脊的两

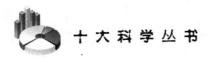

侧都具有相同的磁异常条带图像，这个图像由南北走向的地磁异常条带组成，正异常和负异常相隔出现。而且，它们在大洋中脊两侧对称分布，很有规则。这种现象在陆地上是从来没有发现过的。③大西洋已具有几十亿年的悠久历史，那么，大西洋的底部岩石的年龄也应该是很长、很老的。但是，地质学家实际测得大西洋底部最古老的岩石的年龄也不超过 2 亿年。可见，大西洋的历史和它底部岩石的历史相差很悬殊。

那么，为什么会出现上面这些异常现象呢？这个问题在赫斯和迪茨提出的“海底扩张假说”中，得到了比较圆满的解释。

赫斯和迪茨认为：

1. 地幔物质经常产生对流运动。地幔物质的对流运动是导致海底扩张的重要起因。

2. 洋中脊是地幔物质在对流过程中物质向外喷射的出口，地幔高温的岩浆类物质从这里向外涌出，所以这里的温度较高。

3. 炽热的熔岩物质涌出后，就冷却下来变成固态的岩石，形成新的海底地壳。新的海底地壳便推动原来旧的海底地壳逐渐向两侧扩张。由于旧的海底地壳与大陆是相连接的，因此旧的海底地壳在向两侧扩张的同时，必然推动两侧大陆也随之移动。这样，随着新海底不断地生长和向两侧扩张，新生的大洋也不断地向两侧扩展，两侧的大陆也随之逐渐远离发生漂移。大西洋就是海底扩张在2亿年内形成的。

4. 旧海底地壳在新海底地壳的推动下，向两侧扩张移动。当它们移动到海沟时，又重新下沉，被地幔吸收，受热熔化成地幔物质。新海底就这样不断生成，经过扩张，又不断地变成旧海底；旧海底不断地进入海沟消失。这样，在海底不断扩张的过程中，新旧海底不断交替，新陈代谢，从而使得大洋海底岩石的年龄总是很年轻，没有大洋的年龄那样古老。因为大洋的形成是通过无数代海底岩石的新旧交替扩张而完成的。

5. 海底扩张同时也推动大陆发生漂移运动。由此可见，大洋中脊既是产生海底的场所，也是大陆漂移的发源地，这就把海底扩张与大陆漂移紧密地联系起来了。

相对而言，“海底扩张假说”比“大陆漂移假说”具有更严密的科学性，主要表现在：

1. “大陆漂移假说”只是指出大陆是运动的而不是静止的，“海底扩张假说”则回答了地壳（海底地壳）是怎样产生的、大洋是怎样生成的、大陆漂移的最初的发源地在哪里、是谁推动它漂移等一系列问题。

2. “大陆漂移假说”把大陆漂移的动力说成是地球自转的离心力和潮汐摩擦力（这种说法很难令人信服）；“海底扩张假说”则把大陆漂移的动力归结为海底扩张力，归结为地幔物质热对流的动力（即地幔对流运动→岩浆喷出→新海底形成及向两侧扩张→大陆向两侧漂移），这种观点较有说服力。

“海底扩张假说”是在魏格纳考察与研究的基础上，通过做进一步探测与分析建立起来的，它既解释了地壳的垂直升降运动（如岩浆上升、冷却生成新海底地壳，旧海底地壳入海沟下降成为地幔物质等），又解释了地壳的水平运动（如海底向两侧水平扩张，大陆水平漂移），从而比“大陆漂移假说”（只解释了地壳水平运动问题）更全面、系统地解释了地球表面运动的过程和原因。

“海底扩张假说”产生以后，受到了人们的高度重视。加拿大地质学家威尔逊（J. T. Wilson）等人非常支持这个假说。他们还专门举办了讨论“海底扩张假说”的学术会议，纷纷用这个假说来解释自己在考察与研究中所遇到的一些问题。“海底扩张”这个名词也作为当时人们的口头禅和最时髦的问候语而被广为传播，可见“海底扩张假说”在当时所产生的影响力。更重要的是，“海底扩张假说”为“板块构造假说”的建立，创造了良好的条件。

（三）“板块构造假说”

海洋里存在着绵延数万千米的“洋中脊”和“海沟”的现象使得地质学家们认识到，地球表面的岩石地壳不再是以前所想像的那样，是一个完整的、天衣无缝的球体了，而是被“洋中脊”和“海沟”分割成几个巨大的块体。也就是说，地壳是由这几个巨大的块体组成的。这些巨大的块体被地质学家们叫做“板块”，板块是组成地壳的基本单元。

“板块”这个词最先是由加拿大地质学家威尔逊提出的。到了20世纪60年代末期，美国地质学家摩根（W. J. Morgan）、法国地质学家勒皮雄（X. Le Pichon）、英国地质学家麦肯齐（D. P. Mckenzie）等人在继承前人的研究成果（如“大陆漂移假说”“地幔对流假说”“海底扩张假说”等）的基础上，通过进一步研究，不约而同地提出了“板块构造假说”。

1. 转换断层、俯冲带和地缝合线。

在介绍“板块构造假说”之前，先要了解几个概念：转换断层、俯冲带和地缝合线，它们与洋中脊、海沟一样是各个板块之间的边界。

转换断层：它是横切大洋中脊的断层，也叫断裂带，是大洋底部从大洋中脊的轴部向两侧扩张，引起相对运动而形成的。它把大洋中脊整整齐齐地切成一段一段。转换断层是板块之间的一种边界。

俯冲带：它是板块消亡的地带。当大洋板块和大陆板块相互碰撞时，由于前者的密度及其重量都比后者大，因此大洋板块便向下俯冲到大陆板块的底下，逐渐进入到地幔里，在地幔的高温作用下，大洋板块的岩石被熔化为岩浆，从而使板块消失。也就是说，板块在俯冲带这个地方消失、消亡了。

地缝合线：它是两个大陆板块相撞挤压变形、褶皱隆起形成山脉的地带。例如，现在的喜马拉雅山就是欧亚大陆与印巴（印度和巴基斯坦）次大陆这两个板块相撞而形成的山脉，这一地带就叫做地缝合线。

我们在这里所说的“板块”，并不是像一块块木板那样的平板块，而是像一块块的西瓜皮那样的球面状板块，它的形状也不像正方形或长方形那样规则整齐，而是很不规则的。

2. “板块构造假说”的内容。

摩根等人把他们的“板块构造假说”的内容归纳为以下几个方面：

第一，地球的最外层是岩石层，它包括地壳和上地幔两部分，这两部分岩石坚硬不易变形，但在外力的巨大作用下，容易发生断裂。岩石层的下面是软流层，这一层的温度极高，岩石在这里都被熔化成熔融的岩浆，可以流动。

第二，岩石层被大洋中脊、海沟、俯冲带以及地缝合线分割成许多巨大块体，这些块体被称为“板块”。板块是组成地球表面岩石层的基本结构单元。

第三，由于地幔物质发生对流，当它们运动到大洋中脊的地方时，就会从这里向外涌出，被冷却形成新的地壳，并且推动两侧的板块向外移动。

第四，当板块移动到俯冲带和地缝合线这样的地方时，板块或者向下俯冲到地幔里，受高温熔化而消失；或者向上隆起成为高山。每个板块都在运动着，一边生长扩张，一边挤压消亡。板块的运动是地球表面运动变化的最重要的方面。

第五，地幔物质的对流运动是推动板块运动的内在动力，而海底扩张则是板块运动的外在动力，地幔物质对流运动和海底扩张运动都作用于板块，并通过板块运动而表现出来。

“板块构造假说”在“海底扩张假说”的基础上有了新的突破和创新，提出了“板块”这个新概念，论述了“板块”构造地球表面、决定地球表面运动形成的过程及其机制，分析了“板块”运动的内在与外在动力因素，达到了对地球表面运动的全面、系统地分析和论述，标志着人们对地球表面情况的认识又深入了一步。

3. 地球表面板块的结构及其活动规律。

1986 年，法国地质学家勒皮雄根据上面的“板块构造假说”，把地球表面的岩石层划分为六大板块。它们分别是太平洋板块、欧亚板块、印度板块、非洲板块、美洲板块和南极洲板块。在这六大板块中，除了太平洋板块完全被海洋所覆盖以外，其余五大板块既包括陆地部分，又包括海洋部分。

上面六大板块中的每个大板块又可分为若干个小板块。例如，我国大陆是欧亚大板块中的一个小板块，在欧亚大陆板块中，还存在着其他许多个形状各异的小板块。而且，我国大陆的板块还可以分为中朝板块、扬子板块、塔里木板块、藏南板块、柴达木板块、合江板块等 6 个大小不等的板块。其中，扬子板块和中朝板块则是构成我国大陆的两个主体板块。如果对这些板块的古地理、古气候、古生物以及它们各自的构造、矿产、岩石等情况进行分析和研究，就可以了解这些大陆板块的活动规律。

地质学家们通过考察与分析，对地球表面的各大板块的活动情况进行了如下几方面的论述。

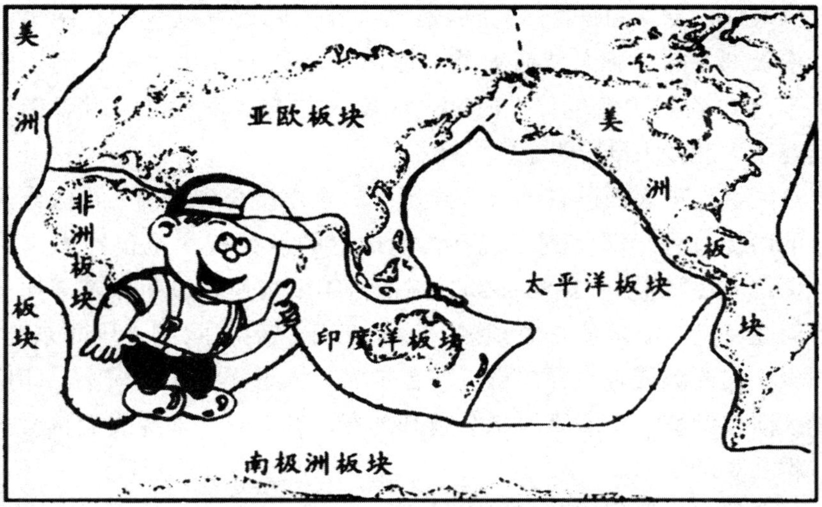


第一，在距今 7 亿年以前的“前寒武纪”（属于元古代和古生代之间）时代，全球是由两个古大陆合并而成的一个“泛大陆”，这两个古大陆分别是“冈瓦纳古大陆”和“劳亚古大陆”。

第二，到了距今 5.7 亿年以前的“寒武纪”时代，这个泛大陆分裂成为 4 个大陆板块（亚细亚板块、欧洲板块、北美洲板块、冈瓦纳板块）和 4 个大洋。

第三，到了距今 3.9 亿年以前的“泥盆纪”时代，欧洲大陆板块和北美大陆板块合并，成为欧美大陆板块。亚细亚板块与冈瓦纳板块继续单独存在。

第四，到了距今 3 亿年以前的“晚石炭纪”时代，欧美大陆板块与冈瓦纳大陆板块合并，亚细亚大陆板块继续单独存在。

第五，到了距今 2.25 亿年以前的“晚二叠纪”时代，所有的大陆板块又重合并成一块“泛大陆”。

第六，到了距今 1.9 亿年前的早中生代，泛大陆再次分离成冈瓦纳和劳亚两块大陆；在距今 0.7 亿年前的“晚白垩纪”时代，这两块大陆继续分裂成六块大陆，它们分别是北美洲大陆、亚欧大陆、南美洲大陆、南极洲大陆、澳大利亚大陆、非洲大陆以及印度大陆；到了距今0.65亿年以前的“新生代”时期，印度大陆与亚欧大陆合并，南极洲大陆与澳大利亚大陆分开。

总之，地球表面的各个板块经历了一个由拼合到分离、由分离再到拼合的历史过程。即使到了现在，地球上的六大板块也仍在发生着变化。据《人民日报》（1986-2-25）报道：印度板块将以每年2.5厘米的速度向北移动。有地质学家预测，5000万年以后，欧亚板块向东漂移，美洲板块向西漂移，大西洋将进一步扩大，太平洋将不断缩小，印度板块继续向北漂移，青藏高原将会越升越高。到那时，地球表面将会出现另一番壮观的景象。

4.“板块构造假说”与地震研究。

运用“板块构造假说”不仅可以分析板块活动的规律，还可以研究地震活动规律。

少年朋友们也许已经知道，日本、中国、美国等国家都是多地震的国家。这些国家都分布在太平洋的周围，称为环太平洋国家。地震学家们已经确定，环太平洋地区是一个多地震的地区，这其中的原因用“板块构造假说”就可以解释清楚。

地质学家们通过考察研究发现，在太平洋的周围，分布着许多海沟，如马里亚纳海沟、日本海沟、菲律宾海沟、汤加海沟、智利海沟和秘鲁海沟等。在海沟附近的地区，正是板块与板块之间的边界。在这里，板块活动极为频繁，太平洋板块和欧亚板块相互碰撞，发生挤压和摩擦，就使得这些地区的国家容易发生地震。日本正好处于太平洋板块和亚洲板块之间，所以，这两大板块之间的相互碰撞使日本经常发生地震。

我国也是一个多地震的国家，这是因为我国处于太平洋板块和印度板块之间，当太平洋板块自东向西运动，印度板块自南向北运动的时候，我国正好被夹在中间，两面都受挤压，容易发生地震。其中，华北及东北地区由于受到太平洋板块的向西挤压而多发生地震；西南及西部地区由于受到印度板块向北运动的影响也多发生地震，其他地区则少发生地震。

“板块构造假说”的形成是地球科学理论上的一次重大突破，它受到了广大地球科学家的高度重视，掀起了一场国际性的研究热潮。有的科学家对“板块构造假说”给予了高度的评价。著名地质学家威尔逊把“板块构造假说”的建立称做是一场“地球科学的革命”，把它与哥白尼的“日心说”、达尔文的“进化论”相比。可见“板块构造假说”在当时产生了多么巨大的影响。

当然，并不是所有人都支持这个假说，许多地球科学家如杰弗里斯、别洛乌索夫和迈也霍夫父子俩等人，纷纷发表文章，反对“板块构造假说”。别洛乌索夫还与威尔逊发生了激烈的争论。1972 年 2 月 2 日，苏联科学院还专门召开讨论“板块构造假说”的会议，会上，学者们围绕这个假说又发生了激烈的争论。

那么为什么还有这么多的学者反对“板块构造假说”呢？这是因为，“板块构造假说”毕竟还只是一种科学假说，它虽然科学地解释了许多自然现象（如地震等），但它本身也存在着许多问题。例如，地幔物质对流运动是不是真的存在？如果不存在，那么“板块构造假说”就无法解释板块运动的动力问题。另外，板块运动的真正动力究竟是什么？除了地幔对流以外，是否还存在着其他动力因素？各大板块运动的具体过程是怎样的？等等。对于这些问题，“板块构造假说”虽然进行了说明，但也存在着许多需要进一步分析、研究的疑点。

我国著名地质学家李四光（1889—1971）创立了地质力学，对板块运动的动力问题也进行了科学研究。他认为，板块运动的原因是地球自转速率的变化，它的动力则是地球自转所产生的离心力。也就是说，地球表面大陆的运动是受地球自转时所产生的离心力的作用而引起的。

尽管“板块构造假说”需要进一步的修正和完善，但它仍不失为一个重要的科学假说。回顾一下“板块构造假说”的创立过程，我们可以看出，这个假说完全是在总结前人研究成果的基础上建立起来的，它的建立也是若干个科学假说相互补充、修正演化而来的。在它之前的所有假说，都对这个假说的形成，起到了直接或间接的作用，其中，魏格纳创立的“大陆漂移假说”所起到的作用则更为突出。可以说，没有“大陆漂移假说”，也就没有“板块构造假说”。“大陆漂移假说”“海底扩张假说”和“板块构造假说”在实质上是紧密相连、结为一体的，它们共同形成了现代地球科学思想。在学习这些科学假说的时候，少年朋友们不要忘记像魏格纳那样的为地球科学的发展而献出自己生命的科学家。在今后的科学学习与工作中，应当牢记魏格纳的这段话：“无论发生什么事，必须首先考虑不要让事业受到损失。这是我们神圣的职责，是它把我们结合在一起，在任何情况下都必须继续下去，哪怕是要付出最大的牺牲。”

# 生命是如何起源及演化的呢

## ——奥巴林的“化学起源假说”

地球上有许许多多的生物：既有像青蛙、小鸟这样的动物，也有像玉米、水稻、桃树这样的植物，还有像细菌这样肉眼看不见的微生物，更有像我们人类这样的充满智慧和创造力的高等生物。地球正是因为拥有这些生物，才成为宇宙中最美丽的星球，地球也正是因为有了生命，才成为宇宙中最文明的世界。

生物多种多样，生命多姿多彩，它们把地球装扮得绚丽灿烂，使地球充满着生机与活力。

然而，少年朋友们知道这些生物或者生命最初是从哪里来的吗？也就是说，生命或者生物是如何起源及演化的呢？

古往今来，科学家们特别是生物学家们一直思考和研究这个问题，都想揭开生命起源这个千古之谜。为此，他们提出了许许多多的假说，试图从中寻求正确的答案。苏联著名生物学家奥巴林（1894—1980）创立了关于生命起源的“化学起源假说”，认为生命的起源是通过化学的途径或方式来实现的。这个假说被认为是众多假说中比较科学的一种，它在生物学界产生了很大影响。

# 一、什么是生命

凡是生物都有生命。然而，生命究竟是什么呢？伟大导师恩格斯给生命下了一个经典定义。他说："生命是蛋白体的存在方式，这种存在方式本质上就在于这些蛋白体的化学组成部分的不断的自我更新。"可见，蛋白体是生命的物质基础，蛋白体可以不断地进行自我更新。也就是说，生命必须具备两个条件，一是蛋白体，二是自我更新（也叫新陈代谢）。

蛋白体是蛋白质和核酸的总和。蛋白质是由碳、氢、氧、氮等元素组成的一种有机高分子化合物，它的基本单位是氨基酸，蛋白质是由许多氨基酸连接而成的。

核酸也是由碳、氢、氧、氮等元素组成的有机高分子化合物，它的基本单位是核苷酸，核苷酸主要由戊糖、碱基和磷酸三部分组成，核酸由许多核苷酸连接而成。核酸又分为脱氧核糖核酸（简称 DNA，存在于细胞核中）和核糖核酸（简称 RNA，存在于细胞质中）。生物学研究表明，核酸是重要的遗传物质。

新陈代谢是指生物体与外界环境进行物质与能量交换的过程。它又分为两个过程：一是生物体从外界摄取物质，通过复杂的化学反应，把它转变成自身的物质，同时也把物质中的能量贮存下来，这个过程被称为同化作用过程；另一个过程是生物体通过化学反应，分解自身的组成物质，同时也把贮存的能量释放出去，以维持生物正常的生理活动，这个过程被称为异化作用过程。可见，在同化作用和异化作用这两个过程中，又包含着物质代谢（摄取物质→分解物质）和能量代谢（贮存能量→释放能量）两个代谢过程。新陈代谢就是由同化作用和异化作用、物质代谢和能量代谢组成的一个系统过程。

例如，我们每天必须吃食物，食物被吃进肚子里之后，通过胃、肠等器官的消化吸收，就变成自己身体中的一部分有机物，同时食物中的能量也被贮存下来；当我们学习、活动需要能量时，这些有机物质就被分解，释放能量，剩余的废物被排出体外。

在这个过程中，我们把消化吸收食物并贮存能量的过程叫做同化作用过程；把分解食物并释放能量的过程叫做异化作用过程。其中，又把消化食物和分解食物的过程叫做物质代谢；把贮存能量和释放能量的过程叫做能量代谢。可见，吃饭的整个过程就是一个新陈代谢过程。如果离开这个过程，我们就无法生活甚至无法维持生命。

除了新陈代谢，生命还有其他多种特性。如生命具有繁殖的特性，可以不断地繁殖后代、繁衍种族。生命还具有遗传和变异的特性，俗话说的“种瓜得瓜，种豆得豆”，讲的就是生物的遗传特性；

而“一母生九子，九子各不同”讲的又是生物的变异特性。通过遗传，生物的性状可以代代延续下来；通过变异，生物的性状在延续过程中又不断发展变化，充满生机和活力。生命所具有的这些特性，正是蛋白质和核酸产生出来的，因此，研究生命的起源及其演化问题，首先必须研究蛋白质和核酸是如何产生出来的。奥巴林的“化学起源假说”解释了这个问题。

## 二、奥巴林的生平

奥巴林是苏联著名的生物学家。他于1894年生于一个商人家庭。1917年，他从莫斯科大学毕业后，在一家制药厂担任化学工程师，后来又在大学研究植物化学。1921年以后，他在苏联科学院院士、生物化学家巴赫（A. Bax，1857—1946）的指导下，从事生物化学方面的研究工作，同时，他还在莫斯科大学讲授生物化学课程，讲课的内容是生命过程中的生物化学基础。从此，奥巴林一直从化学的角度研究生命起源的问题。

1922年5月3日，在全俄植物学大会上，奥巴林公开发表了他的生命起源假说。1924年，他又撰写并出版了题为《生命的起源》的学术著作。在书中，他系统论述了自己创立的生命起源假说，对生命起源问题提出了自己独到的见解。1934年，奥巴林获得了博士学位。1936年，他又撰写了《生命的起源》一书，对生命起源问题作了进一步论述。该书出版后被译成英文，在世界上产生了很大影响。

奥巴林在研究生命起源问题中所取得的重大成果得到了人们的高度评价。1946年，奥巴林被选为苏联科学院院士，并担任巴赫生物化学研究所所长。1962～1966年，他被任命为国际生物化学联合会副会长。1970～1977年，他又被选为国际研究生命起源学会主席。

除了上面的两部著作，奥巴林还撰写了《地球上生命的起源》（1957年出版）、《生命：它的本质、起源和发展》（1961年出版）、《遗传与生命的进化发展》（1968年出版）等学术著作。奥巴林是世界公认的研究生命起源的专家，他的理论思想至今仍具有很高的学术价值。

## 三、“化学起源假说”的创立

（一）创立“化学起源假说”的基础

奥巴林创立的关于生命起源的假说也是在继承前人研究成果基础上完成的。

早在1809年，生物学家奥肯（L. Oken，1779—1851）就认为，最初的生命是从一种名叫“黏液”的原始有机物中产生出来的，而这种“黏液”物质又是从无机物中演化而来的。这就是说，生命是从无机物中产生出来的。

1869年，德国生物学家海克尔（E. H. Haeckel，1834—1919）在他的《普通形态学》这本书中指出，地球上的生物最早是“从非生命物质发生的”，是由非生命物质经过从简单到复杂的长期演化过程产生出来的。此外，英国生物学家赫胥黎（T. H. Huxley，1825—1895）等人也认为，生命是从无生命物质中产生出来的。

1876年，伟大导师恩格斯在他的《反杜林论》这部著作中指出，“生命的起源必然是通过化学的途径实现的”，“如果温度降低到至少在相当大的一部分地面上不高过能使蛋白质生存的限度，那么在其他适当的化学的先决条件下，有生命的原生质便形成了”。另外，1894年，德国化学家肖莱马（1834—1892）在他的《有机化学的产生和发展》这本书中也指出，“生命之谜只有靠蛋白质化合物的合成才能解决”。

上述科学家都认为，生命的起源是通过化学进化的途径来实现的，

恩斯特·海克尔

从而为奥巴林创立生命起源的“化学起源假说”奠定了理论基础。

为奥巴林创立生命起源假说提供实践基础的是德国著名化学家维勒（F. Wöhler, 1800—1882），他于1824年首次把无机物人工合成有机物——尿素。

当时，维勒把氰酸和氨水这两种无机物放在一起，让它们进行化学反应，结果得出的不是无机物，却是有机物，它们分别是草酸和尿素。这使维勒感到很吃惊，因为在此之前人们普遍认为无机物只能产生无机物，绝不能生成有机物，只有有机物才能生成有机物。现在，维勒却用无机物合成了有机物，打破了人们的传统观念。

以后，维勒又进行了长期的研究，运用不同的方法，把不同的无机物合成了同一种尿素。1828年，维勒发表了一篇文章，题目是《论尿素的人工制成》，公布了自己的研究成果。

维勒的研究成果具有很重要的意义，它填补了无机物和有机物之间的鸿沟，说明了用无机物完全可以生成有机物，生命从无机物中产生是完全有可能的。

（二）“团聚体”试验

1930年，荷兰化学家布根伯格·德·荣格（H. Bungenberg de Jong）在把胶体（是指由直径为十万分之一到一千万分之一厘米的微粒组成的物质，如面团、乳汁、墨汁等都是胶体）物质放在水中时发现，胶体在水中会形成一个个小的液滴。他把这些小液滴叫做“团聚体”，它是指由胶体凝聚组成的物体。他还发现，这种团聚体与溶液（水）之间分为两层：一层是含有胶体物质的，叫做胶体层；另一层是不含有胶体物质的，叫做液体层，这两层之间有明显的界限。

奥巴林在荣格研究的基础上，对团聚体又进行了实验研究。他发现，团聚体具有吸收、合成、分解、生长、生殖等功能，而这些功能又恰恰是生命体或生物体所具有的功能。

奥巴林首先用阿拉伯胶（胶体的一种）和组蛋白（蛋白质的一种）形成一个团聚体，然后向团聚体中加入葡萄糖磷酸化酶（酶也是一种蛋白质，它具有催化功能，能促使化学反应迅速进行），接着再把这种团聚体放在含有葡萄糖－1－磷酸的溶液中。这时，他发现团聚体可以在葡萄糖磷酸化酶的催化作用下，把溶液中的葡萄糖吸收，并把它合成另外一种有机物——淀粉。团聚体内原来没有淀粉，淀粉是团聚体吸收葡萄糖以后新合成出来的。

奥巴林还在实验中发现，如果往团聚体内加入另一种酶——淀粉酶，那么，原来团聚体内存在的淀粉就变成了麦芽糖。这说明，团聚体在淀粉酶的催化作用下，把体内的淀粉分解成麦芽糖。这个化学反应可以简单地写成：

$$\text{淀粉} \xrightarrow[\text{分解}]{\text{淀粉酶催化}} \text{麦芽糖}$$

奥巴林还发现，团聚体还会形成突起，生成一种芽状小圆团，当这个小圆团长到一定程度时，它会自动脱落下来，成为另外一个团聚体。这就是说，团聚体还会发育后代，具有生殖功能（那个芽状小圆团可以认为是它的后代）。

通过上面的一系列实验，奥巴林推测，团聚体可能是非生命物质向生命物质过渡的一种形式。也就是说，非生命物质首先形成像团聚体这样简单的生命体，然后再由它经过长期演化，形成复杂、高等的生命体，产生出生物体。于是，奥巴林在实验研究基础上，经过自己的理论研究，于1924年提出了以化学起源为基础的生命起源假说。

（三）“化学起源假说”的主要内容

奥巴林在他的“化学起源假说”中阐述了以下几方面的思想：

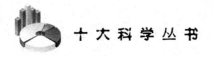

第一，在此之前的“自然发生假说”“生命永恒假说”等都是错误的，它们都不能从根本上回答地球上生命起源的问题，只有赫胥黎、海克尔，尤其是恩格斯提出的生命从非生命物质通过化学进化途径产生出来的观点才是正确的，才可能解决生命起源的问题。

第二，生物体大都由各种有机物组成，没有这些有机物，也就没有生命。因此，生命的起源，也就是构成生命的有机物的起源。然而，这些有机物不是只有从有机物中才能产生出来，它还可以由无机物通过化学反应途径产生出来。

第三，在原始地球上，没有有机物，在地球的原始大气中，只有水、二氧化碳、氨等混合物质，碳化物只存在于地球内部的地幔中。当地球上的地壳发生破裂时（如火山爆发），碳化物就从地球内被喷到地球上的原始大气中。这时，碳化物便与大气中的水蒸气相互结合，生成了原始的最简单的有机物——碳化氢。而后，碳化氢再和氧、氮等元素相结合，生成了有机物，如蛋白质、糖等。

第四，后来地球上出现了水，有了原始海洋。于是，这些有机物在原始海洋中，形成了像团聚体这样的有机高分子集团。这些有机高分子集团（如蛋白质、核酸等）又经过漫长的历史演化，相互结合生成了有机多分子集团或体系（如蛋白质和核酸相互结合生成了蛋白体这样的有机多分子集团或体系），最后形成了原始生命。

奥巴林在他的假说中，论述了生命起源的大致过程：无机物→有机小分子（碳化氢）→有机高分子集团（蛋白质、核酸）→团聚体→有机多分子集团或体系（蛋白质＋核酸→蛋白体）→原始生命。这个过程是通过复杂的化学反应途径完成的，因此，人们把奥巴林的这个假说叫做“化学起源假说”。

奥巴林的“化学起源假说”既否定了那种认为生命由上帝、神来创造的“天命论”和“神创论”，又否定了那种认为生命来自地球以外的其他天体的“陨石传播假说”和“宇宙胚种假说”。他坚持了生命来源于地球本身的唯物主义思想，为辩证唯物主义的自然观和世界观奠定了科学基础。

（四）“化学起源假说”与“自然发生假说”的区别

有的少年朋友可能要问，“自然发生假说”不是也主张生命是从无机物、非生命物质中产生出来的吗？为什么说“自然发生假说”是错误的，“化学起源假说”是正确的呢？为什么奥巴林本人也反对“自然发生假说”呢？

的确，“自然发生假说”与“化学起源假说”在表面上看起来是相同的，都主张生命是从非生命物质中产生出来的，但二者之间有着本质区别。

“自然发生假说”产生于古代和近代。当时，自然科学尤其是生物学还很不发达，人们对生命的起源问题，还无法进行科学研究。所以，他们虽然反对生命来自上帝创造的这种说法，认为生命是从非生命物质中产生出来的，但是他们却弄不清楚生命究竟是如何从非生命物质中产生出来的，所以，他们只好说，生命是自发地从非生命物质中产生出来的。因此，“自然发生假说”没有从科学角度出发，论述生命起源的过程，只凭主观想象和猜测，这是很难让人信服的，它只能导致神秘主义，给生命起源之谜又蒙上了一层神秘的面纱，阻碍人们对它进一步研究。所以，“自然发生假说”是一种神秘主义假说，它对生命起源的研究会起到阻碍作用。

奥巴林的“化学起源假说”产生于20世纪初期。这时，自然科学已经获得了巨大发展，人们不再凭借主观想象和猜测，而是运用已有的科学研究成果，通过科学实验和方法，对生命起源这个问题展开深入细致的研究。“化学起源假说”不再停留在生命从非生命物质中产生这个初步阶段，而是比较详细地研究生命起源的整个过程，分析生命是如何从非生命产生的。因此，这个假说具有很强的科学性和实证性，它不仅容易使人相信，而且还能为人们进一步研究生命起源提供科学的指导。因此我们可以说，“化学起源假说”比“自然发生假说”更具有科学性、先进性，它是当时关于生命起源问题的一个最具有科学性和权威性的假说。

奥巴林创立的“化学起源假说”在西方国家并没有立即产生影响，这是因为他的《生命的起源》（1924年出版）一书是用俄语而不是用英语写的，所以奥巴林的这个假说并没有马上被西方科学家们所了解（只是到了1938年《生命起源》一书再版以后，被美国科学家莫古利斯译成英文后才在西方国家产生影响）。

正因为如此，在奥巴林于1924年创立“化学起源假说”以后，英国生物学家霍尔丹（J. B. S. Haldane）于1929年也独立地创立了与奥巴林相似的“化学起源假说”。后来，人们便把他们两人的“生命起源假说”合称为“奥巴林—霍尔丹生命起源假说”，就像前面介绍的“康德—拉普拉斯星云假说”一样。

## 四、“化学起源假说”的证实与发展

奥巴林虽然通过对“团聚体”等一系列科学实验研究，创立了生命的“化学起源假说”，但是，他也没有完全弄清地球上最先产生生命的真实情况。这个假说还有许多不完善的地方。

例如，在原始地球上，生命从非生命物质中产生的具体过程究竟是怎样的？生命在从非生命物质产生的过程中必须经过形成团聚体这一个途径吗？生命起源是否还有其他途径？围绕着这些问题，生物学家们又展开了进一步研究，其中比较著名的研究是米勒的“模拟实验研究”和福克斯等人的“微球体实验研究”。

（一）米勒的模拟实验研究

米勒是美国化学家尤里（H. C. Urey，1893—1981）的研究生。1952 年，他进入尤里的实验室，跟随尤里进行实验研究。当时尤里正在研究原始地球形成有机物的过程和机理问题，并且论述了有机物的形成过程。另外，奥巴林的“化学起源假说”已经被传到了美国，这一切都对米勒起到了很大的启示作用。于是，他想到用实验来模拟原始地球从无机物产生有机物的过程。如果实验成功，就可以验证奥巴林的“化学起源假说”是正确的，反之则可证明它是错误的。

米勒的实验过程是这样的（如图所示）：

先把水倒入 500 毫升的烧瓶中，加热使水变成水蒸气。再往水蒸气中加进甲烷、氨和氢等混合气体，以模拟原始地球中的大气。然后在 5 升的烧瓶中，通上 6 万伏的高压电，使它产生火花放电，放电时间达到 8 天 8 夜。结果他发现 500 毫升的烧瓶中的水变成深红色。这说明上述气体经过火花放电之后，相互化合生成了有机物。有机物生成后，先是气体，而后它们沿着试管经过冷凝器冷却后变成液体，再回到烧瓶中。

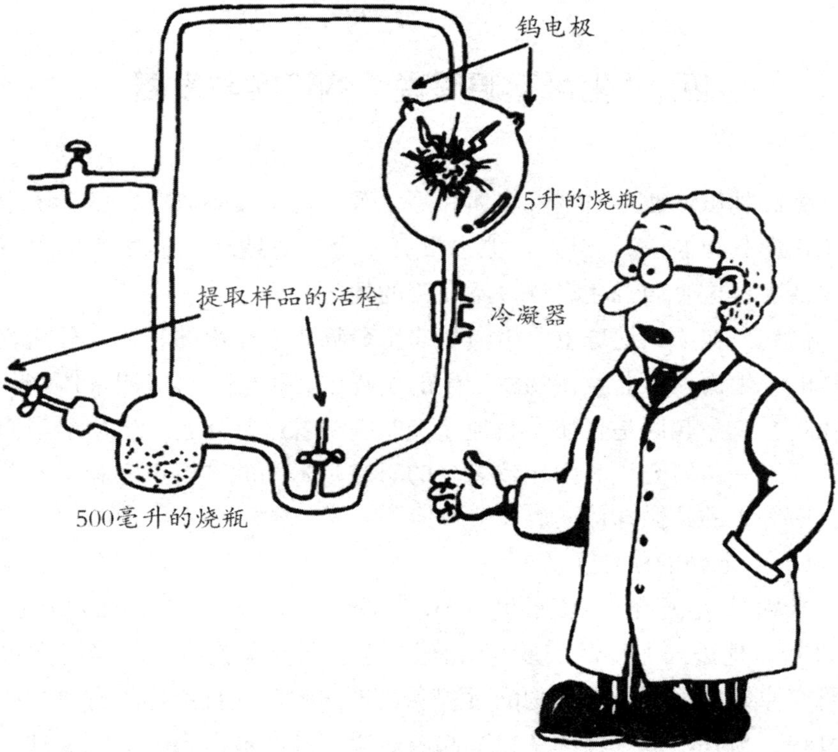


米勒实验装置

由于有机物是有色的，所以500毫升的烧瓶中的水呈现深红色。

米勒经过分析研究发现，在这些有机物中，除了含有甘氨酸、丙氨酸等重要的氨基酸，还有乳酸、醋酸、尿素、甲酸等20多种有机物，其中许多种氨基酸与天然产生的氨基酸完全相同，它们都是合成各种蛋白质所需的原料。利用这些氨基酸可以合成蛋白质。

以后，米勒等人又多次做了上面的实验，先后合成出了33种氨基酸。由此米勒认为，生命起源完全可以通过化学途径来完成，奥巴林关于生命起源的“化学起源假说”是正确的。虽然人类还不知道原始地球产生出生命的真实情况，但完全可以通过类似上面的模拟实验来揭开生命起源之谜。

米勒的模拟实验是生命起源研究历史上的一个重要里程碑，后来许多生物学家又在此基础上进行了大量的模拟实验研究，取得一系列研究成果。

1959年，苏联学者巴甫洛夫斯卡娅等人把甲烷、氨、水和一氧化碳等混合在一起，进行放电实验，生成了甘氨酸、丙氨酸、天冬氨酸等多种氨基酸。同年，我国的科学家们也进行了类似的放电实验，生成了胱氨酸、甲硫氨酸等多种氨基酸。1965年，罗森贝切等科学家也在类似这样的放电实验中，发现了天冬氨酸、苏氨酸等许多种氨基酸。

科学家们模仿米勒的模拟实验发现，加进不同的物质，就会生成不同种类的氨基酸，这就充分证明了生命起源完全可以通过化学途径来实现。

有的少年朋友可能要问，人类可以合成氨基酸，那么能用氨基酸合成蛋白质吗?

答案是肯定的。美国科学家福克斯（S. W. Fox）把1份天冬氨酸、1份谷氨酸和1份含有16种氨基酸的混合物放在一起，给它们加热(温度达到170℃)，就形成了一种蛋白质。1965年，我国科学家还利用氨基酸人工合成了一种名叫结晶牛胰岛素的蛋白质。总之，现代科学能够人工合成人们所需要的多种蛋白质。

有的少年朋友可能又问，既然米勒能够通过模拟原始地球大气环境的火花放电实验，合成氨基酸等多种有机物，那么能否通过这样的实验合成核苷酸（核酸的组成单位）呢?

当然也能，只不过人工合成核苷酸比人工合成氨基酸要困难得多。前面已经讲过，核酸由核苷酸组成，核苷酸又由碱基、戊糖和磷酸组成，碱基又由腺嘌呤、鸟嘌呤、胸腺嘧啶、尿嘧啶、胞嘧啶组成。这样，要合成核苷酸最重要的是要合成碱基。在这方面，科学家们已经取得了许多研究成果。

20 世纪 60 年代，科学家们已经通过模拟实验，人工合成了腺嘌呤、胞嘧啶。1972 年，科学家克拉那（M. G. Khoranat）合成了由 77 个核苷酸组成的 DNA 长链，1976 年，他们又合成了由 206 个核苷酸组成的 DNA 长链。由此可见，不仅能够人工合成氨基酸、蛋白质，而且能够人工合成碱基、核苷酸、核酸。而蛋白质和核苷酸又是组成生命的重要物质，所以，我们可以说，生命可以通过化学途径产生出来。

（二）福克斯等人的“微球体实验研究”以及“微球体假说”

福克斯是美国著名的化学家。他于 1912 年出生于美国洛杉矶市。1933 年，他从美国加利福尼亚理工学院毕业，并获得了哲学博士学位。到了 1943 年，他在美国衣阿华州立学院任教，1947 年成为这所大学的教授。从 1964 年开始，他就从事关于生命起源方面的研究，先后发表了许多论文或学术著作，如《蛋白质化学导论》《分子进化与生命起源》等。20 世纪 70 年代，福克斯担任国际生命起源研究学会的副主席（奥巴林担任主席）。他在生命起源研究方面所做出的重要成果是：通过进行“微球体实验研究”，创立了与奥巴林不同的另外一种关于生命起源的假说——“微球体假说”。

福克斯的“微球体实验”过程是这样的：

1. 配备两种物质，一种是酸性的类蛋白物质，另一种是浓度很低的盐溶液。

2. 把酸性的类蛋白物质加入到盐溶液中，然后给它们加热，加热到一定程度以后，再停止加热，冷却。这时可以发现溶液变得混浊，呈现白色。

3. 提取出少量的溶液放到显微镜下观察，会发现在呈现白色的混浊溶液中存在着无数个小球形状的液体颗粒。福克斯便把这一个个球形微小的液体颗粒叫做“类蛋白微球体”，简称“微球体”。

4. 把这些微球体分离出来，继续对它们进行观察，又会发现，这些微球体像细菌一样，外面有膜包围，能够收缩，能够分裂，从一个微球体上又生出一个小芽——小微球体，这个芽长大以后，就从它的母体上脱落下来，成为一个新的独立存在的微球体。这就是说，一个微球体可以通过分裂生成两个微球体，两个微球体可以通过分裂生成四个微球体，以此类推，生成的微球体彼此连成一大串。

通过实验研究，福克斯提出了他的“微球体假说”。他认为，微球体虽然没有生命，但它却有类似生命的活动，它能够通过分裂产生出后代，因此，微球体就是现代生物细胞的前身，生物细胞最初是从微球体中发育演化出来的。奥巴林把团聚体看做是从非生命进化到生命的过渡，而福克斯则把微球体看做是从非生命进化到生命的过渡。

从福克斯的“微球体假说”可以看出，生命的起源虽然是由化学途径完成的，但是，其中又有许多个过程：生命既可以从团聚体中产生、演化而来，也可以从微球体中产生、演化而来，生命起源的过程也是很复杂的，不是单一的。福克斯的“微球体实验研究”以及他的“微球体假说”丰富和发展了奥巴林的关于生命起源的“化学起源假说”。

## 五、生命起源的基本过程

自从奥巴林等人提出关于生命起源的“化学起源假说”以来，生物学家和化学家们纷纷对生命起源问题展开了深入研究，他们普遍认为，生命起源基本上是由化学途径完成的，它经过以下几个基本阶段。

（一）从无机小分子物质生成有机小分子物质

在46亿年以前，地球形成了。最初，地球上面没有生命，只在原始大气中存在水蒸气、甲烷、氨气、氮气、二氧化碳、氢气等气体。地球上经常出现雷击闪电、火山喷发、陨石碰撞和各种宇宙射线（如紫外线等）等许多自然现象，这些自然现象使地球上产生出巨大的热量和能量，在这些能量和热量的综合作用下，原始大气中的无机小分子就会通过复杂的化学变化途径，产生出像氨基酸、碱基、核苷酸这样的有机小分子（这一过程已经被前文介绍过的米勒的模拟实验、奥巴林以及福克斯等人的实验研究所证实）。

后来，地球上的温度逐渐降低，大气中的水蒸气变成蒸汽云，当温度继续降低时，这些蒸汽云便化做倾盆大雨自天而降。同时，生成的有机小分子也跟随大雨从空中降落到地面上。于是，地球上便出现了原始海洋。有机小分子也被溶进原始海洋中，使得原始海洋形成了一大锅热的含有高浓度有机物的"营养汤"，成为生命的最初发源地。

（二）从有机小分子物质形成有机高分子物质

在原始海洋中，像氨基酸、核苷酸这样的有机小分子物质经过长期积累，通过相互之间的缩合或聚合作用，就形成了像原始蛋白质分子和核酸分子这样的有机高分子物质（关于氨基酸合成蛋白质、核苷酸聚合成核酸这样的化学反应，现在都可以用人工来操作进行了）。

有的少年朋友可能会问：是先形成蛋白质还是先形成核酸呢？这与“是先有鸡还是先有蛋”的问题相似。

现代生物学研究表明，蛋白质的合成是在核酸特别是脱氧核糖核酸（DNA）的指导下进行的，然而，没有酶（酶也是一种蛋白质）的帮助，DNA也就无法生成，DNA的生成不能缺少酶。这就是说，没有蛋白质，就不能形成DNA，没有DNA，也就不能形成蛋白质。

为了回答上面的问题，科学家们进行了大量的实验研究。有的学者认为，蛋白质和核酸是共同产生出来的，它们不分谁先谁后，谁生成谁。就是说，“鸡”和“蛋”是共同产生出来的，分不出是“先有鸡”，还是“先有蛋”，是“鸡生蛋”，还是“蛋生鸡”。

有的学者主张，最先生成的是核糖核酸（即RNA），因为RNA的分子结构比较简单（它只有一条长链），DNA的分子结构相对来说要比RNA复杂一些（DNA是两条螺旋缠绕在一起的核苷酸长链）。RNA形成以后，再形成DNA，然后再由RNA指导合成蛋白质。就是说，蛋白质和核酸在起源方面是有先后的，先有核酸（RNA）后有蛋白质，它们具体是按照RNA→DNA→蛋白质的先后顺序起源演化的。

那么，上面的两种观点谁对谁错呢？在目前还难以下定论。它们各自既有一些道理，又有不完善的地方。例如，说蛋白质和核酸是共同起源的，这种观点虽然好像解决了“鸡和蛋”谁先谁后的问题，但是，它仍然没有阐明蛋白质与核酸究竟怎样共同起源这个问题。因此，它在实质上仍然没有揭开生命最初起源之谜。说先有RNA再有DNA，最后有蛋白质，这种观点好像分出了先后问题，然而人们不禁要问：既然先有RNA，那么RNA最初又是怎样生成呢？很显然，这种观点也没有解释好这个问题，因为在RNA和形成RNA（即RNA的母体或前身）之间又存在谁先谁后的问题。可见，这种观点在解决蛋白质与核酸之间谁先谁后的问题的同时，又不自觉地引出了RNA和形成RNA之间的新的一个谁先谁后问题。

总之，目前人们还没有解决蛋白质与核酸在起源过程中的谁先谁后问题。但是，有一点是明确的，那就是，像氨基酸和核苷酸这样的有机小分子物质在这个阶段已经通过复杂的化学反应生成了像蛋白质和核酸这样的有机高分子物质。这一点已经被科学实验所证实了。

（三）从有机高分子物质形成有机多分子体系

蛋白质与核酸在形成之后，就存在于原始海洋中。随着时间的推移，原始海洋中的蛋白质和核酸浓度越来越高。于是，蛋白质与核酸就会发生相互作用，形成了一种更复杂的分子集团。这些分子集团又经过长期的演化，相互凝聚成小滴（它的形状就像奥巴林所说的“团聚体”或福克斯所说的“微球体”一样）。这些小滴漂浮在原始海洋的表面，小滴的外面被一层原始的膜所包围，从而使这些小滴可以与它周围的原始海洋环境分隔开，形成了一个相对独立的体系——有机多分子体系。从此，它可以与外界环境进行原始而又简单的物质交换了。

（四）从有机多分子体系演变为原始生命

有机多分子体系在形成之后，就成为一个具有原始生命特征和功能的蛋白体（奥巴林的“团聚体”和福克斯的“微球体”已经表现出某种生命的特征，可以把它们看成是最简单的蛋白体）。以后，在这样的蛋白体中，蛋白质和核酸的功能逐渐产生了分化，核酸负责遗传，蛋白质负责新陈代谢，它们共同承担生命的自我繁殖、生长、发育、遗传、变异等功能。一旦蛋白体完全具备这些生命特征和功能，原始生命就产生了。

目前，科学家们还不能在实验室里模拟出生命形成的具体过程，还不能弄清生命产生的真正具体情况，但是，有的科学家〔如霍夫曼(R. Hoffmann）等人〕正在研究如何通过化学的途径人工合成生命，他们相信在不远的将来，一定会弄清这个问题。

关于生命起源问题的研究，到目前为止仍在继续进行着，还有许多关于生命起源的假说。

最近，美国航天局和斯坦福大学的研究人员通过研究认为，在遥远的远古时代，宇宙中存在着许多有机分子。当温度降低时，它们就相互结合，形成像冰一样的颗粒。这些颗粒被裹入到彗星和流星里，当彗星或流星撞击地球时，就把其中的有机物的生命种子播撒在地球上。然后，经过长期演化，产生了生命。

还有人认为，"地球上的生命种子是通过生活在其他行星上的智能动物由太空船送到地球上的"。这就是说，在地球产生生命之前，在其他星球上已经存在高度发达的智能动物了，他们把生命的种子用太空飞船运送到地球上（就像目前我们人类用宇宙飞船把植物种子送到太空中一样），然后，这些生命的种子就在地球上经过漫长的孕育、演化，产生出生命和生物。

上述两种观点都认为，地球上的生命起源于"天外"的其他星体中，而不是起源于地球自身。

有的科学家认为地球上的生命是从地球本身产生出来的。他们提出了关于生命起源的另外一种新假说——"海底热泉假说"。他们认为，在原始地球形成以后，地球的海底火山爆发，喷发的岩浆使海水变热，形成了热泉，热泉中含有许多种氨基酸，这些氨基酸可以合成蛋白质。于是，海底热泉便生成了原始生命。最近，日本长冈技术科学大学工学系的研究人员在世界上首次成功地进行了"模拟海底热泉产生生命"的科学实验。他们往模拟出的海底热泉中加入甘氨酸，发现甘氨酸在热泉中可以自动地相互合成与蛋白质相近的"肽"（肽是 2 个以上的氨基酸结合形成的化合物。2 个氨基酸形成的肽叫二肽，3 个氨基酸形成的肽叫三肽……许多个氨基酸形成的肽叫多肽，蛋白质一般是 100 个以上的氨基酸相互结合形成的多肽），这就证实了"海底热泉假说"，为这个科学假说的建立找到了新证据。

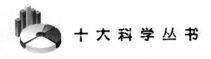

另外，科学家们不仅研究生命起源，而且，他们还研究细胞起源以及细胞中如叶绿体、线粒体等细胞器的起源等问题。

细胞是生物体的基本结构单位，所有生物都是由细胞构成的。细胞由细胞膜（植物细胞还有细胞壁）、细胞质和细胞核组成。细胞质中分布着许多担负着一定生命功能的微粒——细胞器，如中心体、线粒体、叶绿体、核糖体、高尔基体等，此外，细胞质中还有 RNA；细胞核中有染色体、DNA 等重要的遗传物质。细胞还分为原核细胞（没有细胞核）和真核细胞（有细胞核）两大类。

科学家们普遍认为，当原始海洋中出现了像团聚体、微球体这样的有机多分子体系的小滴以后，这些小滴的外面被一层膜所包围，形成了一个独立存在的具有生命特征的蛋白体，这些独立存在的有膜包围着的蛋白体，就成为一种原始细胞了。

以后，原始细胞继续演化发展。大约在34亿年前，原始细胞便发展成为原核细胞。原核细胞中没有细胞核，细胞结构也很简单。后来，有的原核细胞发展成为像细菌这样的单细胞微生物，有的发展成为像蓝藻这样的低等植物。

大约到了17亿～18亿年前，原核细胞便进化发展成真核细胞。真核细胞有细胞核，有像叶绿体、线粒体等这样的细胞器。真核细胞在以后又经过长期的进化，形成了生物。一切高等的多细胞生物都是由真核细胞组成的，这些生物是在真核细胞的基础上进化发展而来的。

那么，真核细胞中的叶绿体和线粒体等细胞器又是如何产生的呢？有的科学家认为，它们是在细胞中共同产生出来的。当然，这个问题目前正在研究。

总之，细胞是按照原始蛋白体→原始细胞→原核细胞→真核细胞这样的顺序起源演化的。

由此可见，生命起源问题是一个重大难题。美国科学杂志《发现》月刊把生命起源问题看做“尚未找到答案的十大科学问题”之一；日本《科学朝日》杂志也把生命起源问题作为“现代科学七个不可思议的问题”之一以及“现代科学的七大争论问题”之一；最近，我国科学家列举出了“21世纪100个科学难题”，其中关于生命起源方面的科学难题就有6个！生命起源问题已经受到了各国科学家的高度重视，他们正积极投入到这项伟大而艰巨的科研攻关事业之中，以自己的聪明才智去揭开这个跨世纪的科学之谜。

生命起源问题确实是个重大难题，然而也正因如此，对它进行研究才更具有意义和价值。作为21世纪乃至未来科学事业的接班人，广大少年朋友更要认真学习，刻苦钻研，争取在攻克生命起源这个难题“堡垒”中建立新功，为祖国和人民贡献出自己的聪明才智。

# 衰老是怎么一回事

## ——“整体衰老假说”

提起“衰老”这个词儿，大多数少年朋友或许认为，它与自己毫无关系，因为自己正处于成长发育时期，根本不会有“衰老”。在你们眼里，衰老只与老年人有关，而似乎与青少年无关。

当然，谁都希望自己能够永远年轻，青春永驻。但是，且不说每个人都会有衰老的那一天，单说衰老本身，从人的十几岁时就开始出现了。

美国哈佛大学生物学家洛信博士通过研究发现，人在出生时大脑细胞的数量就达到140亿个，在以后的活动过程中，不会再产生出新的脑细胞。这就是说，人一出生，他的脑细胞数量就是确定的。到18岁以后，人的脑细胞会逐渐减少。从25岁起，人每天约有10万个脑细胞死亡。以后，随着年龄的递增，人的脑细胞的死亡数还要增加。而脑细胞的死亡，正意味着衰老的出现。

日本著名老年病研究专家太田邦夫发现，人在20岁以后，头发出现衰老现象；30岁时，皮肤出现衰老，听力开始下降；从40岁开始，可以看出衰老现象，它表现在：有白发，出现远视，身体抗病能力下降；50～55岁时，衰老速度加快，皮肤松弛，皱纹明显增多；55～60岁时，衰老变得更加明显，脑细胞机能低下，肌肉等其他组织退化；60～70岁时，衰老速度相对减慢，身高下降，味觉迟钝。

可见，衰老并非仅与老年人相关，也与青少年有很大关系，衰老几乎伴随着人的一生。因此，正确地认识衰老，认真地对待衰老，以达到延缓衰老、健康长寿的目的，这不仅是老年人关注的话题，也是有待少年朋友们进行研究的一个科学问题。

那么，衰老究竟是怎么一回事呢？它究竟是如何产生的呢？难道只有人类才有衰老吗？人类将如何认识并延缓衰老，保持健康长寿呢？

千百年来，这个问题一直是科学家们所关注并研究的课题。他们通过自己的科学研究，提出了各种各样的假说（据统计，迄今为止科学家们曾经先后提出了 300 多种关于衰老方面的假说）。我国青年学者蒋松柏于 1998 年提出的“整体衰老假说”，就是其中的一个。

## 一、什么是衰老

我国古代科学家把活到 70 岁的人称为“老人”，“衰老”中的“老”字表示人的毛发变白，行走困难，活动能力衰退。我国科学家把人生的最后阶段称为“衰老”。

“衰老”在英语里叫做 senescence。也有人把“衰老”叫做“老化”（aging）或“老年”（elderly）。

那么，什么是衰老呢？不同的科学家给“衰老”下了不同的定义。

西方科学家认为，衰老是指人的体能、敏感性和能量随着年龄的递增而发生的衰退性的变化；衰老是指人的生殖机能停止后，导致人体存活能力的下降。

我国学者则认为，衰老是指一切生物随着时间的推移所发生的自然过程。在这个过程中，机体和组织在功能、适应性和抵抗力等方面都发生减退或衰退。可见，我国学者把衰老看做是一切生物所共有的一种自然的客观过程。

科学家们在长期的研究实践中，对衰老现象获得了许多科学认识，从而形成了一门专门研究衰老发生和发展规律的新兴学科——“衰老生物学”（Biology of Senescence）或“生物老化学”（Biology ofAging）。在医学领域里，与它相似的学科有“老年医学”（Geriatrics）或“老年学”（Gerontology）。类似这样的学科还有“老年生物学”或“实验老年学”等。随着衰老生物学研究的深入开展，衰老之谜也逐渐被揭开了。

科学家们在研究衰老过程中发现，衰老可分为生理性衰老和病理性衰老两种类型。

生理性衰老是生物随着时间的推移而必然发生的一种普遍的衰退现象。这种衰老是每种生物都具有的，不管他们身体如何强健，都会遇到衰老，只不过步入衰老期的时间有早有晚。也就是说，这种类型的衰老是一种正常的衰老，是每一种生物都会经历的衰老。

病理性衰老是指生物由于患有某种疾病而发生的一种非正常类型的衰老。

例如，人类患有的“早老症”就属于一种“病理性衰老”。这种“早老症”主要表现为，患者还在年轻时期就出现衰老现象，过早地衰老了。这种“早老症”又具体表现为两种症状：一种叫做“霍金森—吉福特（Hutchinson—Gilford）综合症”，另一种叫做“魏纳（Werner）综合症”。

“霍金森—吉福特综合症”具体表现在：患者往往在还未满1周岁时，就表现出老态，即生长发育缓慢，矮小，皮肤有皱纹、脱发、全身动脉硬化，没有性成熟。这种人一般存活不久就早夭了。有的科学家认为，这种类型的早老症是由于人体内的染色体发生变异后产生的。

“魏纳综合症”具体表现在：患者在发育到青春期就开始出现衰老，如有白发，秃发，皮肤有皱纹，有白内障，骨质疏松，动脉硬化，大脑皮层出现萎缩等。这些患者虽然要比上述类型的患者活的时间长，但也属于短寿类型的人。

人类的病理性衰老是衰老中的一种特殊现象。对这种特殊类型的衰

老现象进行研究，有助于弄清衰老的发生机制，揭开衰老之谜。

## 二、人和动物的衰老

人的衰老主要表现在：

1. 外观形态衰老，如头发变白，皮肤变皱，脊柱弯曲，身高下降，体重减轻等。

2. 内部器官、系统衰老，即呼吸系统、循环系统、消化系统、泌尿系统、内分泌系统等发生衰老。

不仅人有衰老，动物也有衰老。衰老能够影响人与动物的寿命，但它却不是决定人与动物寿命长短的唯一原因。

有的人衰老的时间比较早，但他死亡的时间并不早，寿命也不一定就短；有的人一直很健康，衰老得比较晚，但他却可能一进入衰老期就迅速衰老，迅速死亡，结束生命。

有的人在还没有发生衰老的时候，就因为积劳成疾，身患突发性疾病，或者突然遇到各种意外的伤害而过早地结束了自己的生命。这些人的寿命的长短，都不是由衰老决定的。

**人类寿命的变化**

| 不同时代的人群 | 平均寿命(岁) |
| --- | --- |
| 旧石器时代中期的尼安德特人（Neanderthal man） | 29 |
| 旧石器时代末期的克罗马尼翁人（Cro—Magnon） | 32 |
| 新石器时代的人群 | 36 |
| 青铜器时代的人群 | 38 |
| 古希腊·罗马时代的人群 | 36 |
| 5 世纪的人群（英国人） | 30 |
| 14 世纪的人群（英国人） | 38 |
| 17 世纪的人群（欧洲人） | 51 |
| 18 世纪的人群（欧洲人） | 45* |

* 城市发生流行病

**不同时期人类的平均寿命表**

| 时代 | 地区 | 不均寿命（岁） |
| --- | --- | --- |
| 青铜时代 | 希腊 | 18 |
| 公元 2 千多年前 | 罗马 | 20 |
| 中世纪 | 英国 | 33 |
| 1587～1691 | 德国 | 33.5 |
| 1789 | 美国 | 33.5 |
| 1838～1854 | 英国 | 40.95 |
| 1900～1905 | 德国 | 49.2 |
| 1950 | 北京 | 52.1 |
| 1951 | 上海 | 男 42.74　女 46.76 |
| 1978 | 中国 | 男 42.74　女 46.76 |
| 1980 | 美国 | 男 42.74　女 46.76 |
| 1982 | 日本 | 男 42.74　女 46.76 |

**某些动物的最长寿命**

| 动物名称 | 最长寿命（岁） | 动物名称 | 最长寿命（岁） |
| --- | --- | --- | --- |
| 皮海绵 | 15 | 巨蝎蛛 | 11～20 |
| 红海葵 | 60～70 | 家　蝇 | ＞0.2 |
| 小　蛭 | 20～25 | 蚊 | 1.5 |
| 班氏吴策线虫 | 17 | 蜜蜂（蜂皇） | 5 |
| 绦　虫 | 35 | 工蜂 | 0.9 |
| 蚯　蚓 | 6～10 | 雄蜂 | 0.5 |
| 沙　蚕 | ＞10 | 果　蝇 | 0.1～0.25 |
| 帘　哈 | ＞40 | 白　蚁 | 25～60 |
| 蜗牛类 | 1～30 | 鳄　蜥 | 100 |
| 蜮 | 15 | 鹰 | 150～170 |
| 美洲龙虾 | 50 | 鹦　鹉 | 100 |
| 欧洲龙虾 | 33 | 金刚鹦鹉 | 64 |
| 河　虾 | 20～25 | 鸢 | 100 |
| 轮虫类 | 0.03～0.16 | 天　鹅 | 100 |
| 水　蚤 | 0.03 | 山　雀 | 9～20 |
| 孔　雀 | 20 | 美洲蟾蜍 | 10～15 |
| 金丝雀 | 24 | 树　蛙 | ＞14 |
| 非洲鸵鸟 | 50～60 | 豹　蛙 | ＞5.9 |
| 环颈雉 | 27 | 非洲爪蟾 | 15 |
| 夜　莺 | 8～10 | 陆　龟 | 152～200 |
| 鸭 | ＞25 | 美洲鳄 | ＞56 |
| 鸡 | 20 | 响尾蛇 | 19.4 |
| 鸽 | 35 | 大　蟒 | 34 |
| 鹅 | 40 | 虎 | 30～40 |
| 鹤 | 43 | 灰　熊 | 31 |

续表

| 动物名称 | 最长寿命（岁） | 动物名称 | 最长寿命（岁） |
|---|---|---|---|
| 猩　猩 | 37 | 骆　驼 | 40 |
| 象 | 100～120 | 马 | 60 |
| 狮 | 30～40 | 牛 | 30 |
| 黑　蚁 | 13 | 驴 | 30 |
| 书　鱼 | 2 | 猪 | 20～25 |
| 蝉 | 17 | 野　猪 | 27 |
| 美洲飞蠊 | 4.6 | 山　羊 | 18 |
| 文昌鱼 | >0.58 | 狼 | 10 |
| 海　鞘 | 0.4 | 狗 | 34 |
| 海　星 | >5 | 猫 | 21 |
| 海　参 | >10 | 鼠 | 1～3 |
| 梭　角 | >200 | 灰　鼠 | 15 |
| 金　鱼 | 30 | 金黄田鼠 | 1.8 |
| 南美洲肺鱼 | >8.2 | 兔 | 8～10 |
| 西非洲肺鱼 | 18 | 蝙　蝠 | 2 |
| 大西洋海马 | >4.6 | 河　马 | 54 |
| 斑　螈 | >2.4 | 犀　牛 | 48 |
| 虎　螈 | 11 | 长颈鹿 | 28 |

衰老和寿命既有联系又有区别，只有正确地认识和处理衰老与寿命的辩证关系，才能正确地对待衰老和寿命，把握自己的人生。

## 三、关于衰老的各种假说

早在几千年前，我们的先人就试图解开衰老之谜，寻找延缓衰老、消除衰老、返老还童、长生不老的良药秘方。在他们中间，既有医学家、医生，也有哲学家、科学家。他们通过研究提出了各种各样的假说，如我国中医学家提出的“肾气假说”，西方科学家提出的“温热假说”“元气假说”“磨损假说”等。这些科学假说都认为，人的衰老是由于人体内的各种物质消耗尽而发生的，人的衰老是与人患各种疾病有密切关系的。但是，由于当时的生产力还很落后，科学还很不发达，所以，尽管他们很想解开衰老之谜，但最终还是未能如愿。

到了近现代，随着医学和生物学的发展，人们开始从内分泌学、细菌学、生理学等多学科角度来研究衰老发生的原因和机理。科学家们在研究动物衰老的同时，根据动物与人在结构与生理方面相似的道理，进一步研究人类的衰老问题，又提出了许多关于衰老的科学假说。

（一）认为衰老是由生物的遗传基因决定的——衰老的“遗传程序假说”

这种假说是由科学家哥尔德斯坦（Goldstein）等人提出的。他们认为，生命衰老的过程及其结果是由生物的遗传基因决定的，生物的最高寿命是由它的遗传特性全面控制的。

由于生物是由细胞组成的，因此生物的衰老源于细胞的衰老，而细胞衰老又是由细胞核来控制的。细胞核中有脱氧核糖核酸（DNA），它决定着生物的遗传性状。有的科学家认为，在DNA链上，存在着一种控制和促进生物衰老的特殊基因，他们把这种基因叫做“衰老基因”或“死亡基因”。这种基因在一定的情况下会发出衰老命令，促进或者催化生物按照它自己安排的程序逐渐走向衰老，直到最后死亡。

那么，这种假说的观点对不对呢？科学家们举出以下人的寿命的事例来证实：

1. 父母双亲寿命决定着子女的寿命。

我国清朝皇帝乾隆曾经到湖南巡视。当时，有一位年约140岁的老人（叫汤二程）前来接驾，而跟在后面的他的儿子都是白发萧然的老翁。可见父亲寿命长，儿子的寿命也不短；父亲衰老慢，儿子的衰老也不快。

相反，如果双亲寿命短、衰老快，那么，他们的后代也是如此。例如，古时有一个人，他的高祖父只活了40年，曾祖父仅活了32年，祖父也仅活了47年，所以他本人也只活到46岁就死了。可见这一家人的衰老都很快，寿命都很短。

另外，在日本有一位姓“万部”的长寿老人，他的子、孙都是老寿星；在苏联，有一位名叫“基什金”的老人，活到142岁仍健在，他的妻子也活到96岁仍健在。老人的父亲活了138年，他的母亲也活了117年。

上面的例子表明，人的衰老是由他们的遗传基因决定的，上代双亲控制衰老和死亡的基因会传递给下一代，决定着下一代的衰老。

2. 孪生双胎人同生共死。

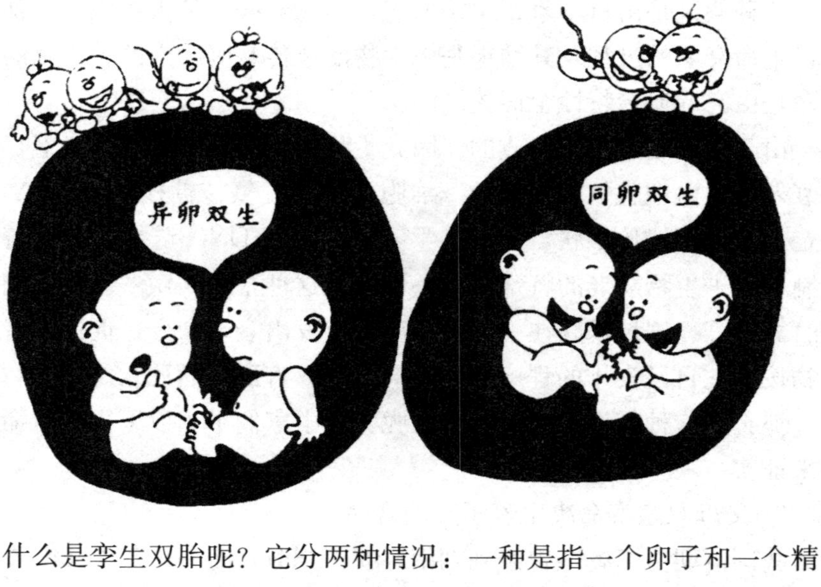


什么是孪生双胎呢？它分两种情况：一种是指一个卵子和一个精子相互结合形成受精卵。受精卵在发育过程中，分裂成两个独立的胚胎，这两个胚胎各自发育成两个胎儿，成为孪生双胎。科学家们把这种从一个受精卵发育成两个胚胎的孪生双胎，叫做“同卵双生”。另一种是指两个卵子同时受精，形成两个受精卵，每个受精卵各自独立发育成一个胚胎，这个胚胎以后又发育成胎儿。科学家们把这种由两个卵子同时受精、发育的两个胚胎叫做“异卵双生”。“同卵双生”的两个胎儿的遗传性状都是相同的，而“异卵双生”的两个胎儿虽然是同生的，但他们彼此的遗传性状却是不同的。所以有的双胞胎的长相、性格都相似，而有的双胞胎的容貌、性格却不相同（当然，还有三胞胎、四胞胎等特殊现象）。

由于孪生双胎尤其是同卵双生的孪生双胎的遗传性状是相同的，因此他们的衰老时间乃至死亡时间大都是相似的。

科学家卡尔门（Kallman）发现了这样一个特殊事件：有一对孪生姐妹，一个是农场主的妻子，生活很幸福，并且有许多子女；一个却是独身女，以做裁缝谋生。姐妹二人虽然住在不同的地方，各有不同的生活状况，但是，她们却在同一天患相同的疾病（脑溢血）死亡。另外，他还发现过有一对孪生兄弟都在86岁的同一天死亡。

可见，孪生双胎者特别是同卵双生者的同生共死是由他们所共有的遗传物质决定的，这种遗传物质不仅决定着他们的死亡，也对他们的衰老起到决定性的作用。

那么，究竟真的存在着能够决定衰老的遗传基因——“衰老基因”或“死亡基因”吗？目前，科学家们仍在对这个问题进行研究。也有人反对这种假说，认为生物（人）体内根本没有这样的基因。于是他们又通过自己的研究，提出了其他假说。

（二）认为衰老是由生物在合成蛋白质过程中出现差错引起的——衰老的“差错灾变假说”

这个假说是由苏联科学家麦德维德夫（Medvedev）和奥格尔（Orgel）等人提出来的。他们认为，生物在合成蛋白质的过程中，完全可能出现各种差错，合成出各种大量不合格的蛋白质，从而使生物发生一场灾难性的变化，导致生物最终发生衰老甚至死亡。

那么，蛋白质究竟是怎样合成的呢？

我们已经知道，蛋白质是由氨基酸组成的高分子化合物，核酸是由核苷酸组成的高分子化合物，它携带着生物全部的遗传信息。核酸又分为DNA和RNA两种，DNA存在于细胞核中，RNA存在于细胞质中。RNA又包括mRNAA（也叫信使RNA）、tRNA（也叫转移RNA）和rRNA（也叫核糖体RNA）。

简单地说，蛋白质是在核酸的指导下合成的。

首先，DNA通过复制，形成一条mRNA，同时把自身所携带的全部遗传信息转录在mRNA中。也就是说，mRNA携带着DNA的全部遗传信息。

其次，mRNA经过细胞核的核孔，从细胞核到达细胞质中，并与rRNA相结合，形成合成蛋白质的“工厂”。

接着，tRNA作为运载氨基酸的“运载工具”，按照mRNA的要求，把一个个氨基酸运送到“工厂”里去，再把它们按照mRNA规定的顺序排列起来，形成一个长链，这个长链就是肽链，也就是蛋白质，到此，蛋白质合成结束了。生物学家们把由RNA到蛋白质的过程叫做“翻译”。

生物学家们把DNA转录形成mRNA的过程以及由RNA翻译合成蛋白质的过程统称为蛋白质合成的“中心法则”。这个词是英国物理学家克里克（F. H. C. Crick）在他的《论蛋白质的合成》一文中提出来的。他与美国生物学家沃森（J. Watson）由于共同发现了DNA双螺旋结构模型而双双荣获1962年诺贝尔生物医学奖。

少年朋友们在了解蛋白质的合成过程之后，就容易理解科学家们提出的衰老的“差错灾变假说”了。

蛋白质在合成中出现差错实际是指在转移RNA携带着氨基酸在排

列过程中出现了差错。例如，本来应当把某种氨基酸（如甘氨酸）安排到“1”的位置上，但它却把这种氨基酸安排到“2”或“3”的位置上了。要知道，每一种蛋白质的氨基酸各自都有确定的位置，丝毫不能发生差错。一旦出错，合成出来的就不是这种蛋白质，而是另外一种蛋白质了。如果出现差错的氨基酸是一种十分重要的氨基酸，那么，就会出现更严重的后果。

这种差错是谁引起的呢？由于转移 RNA 携带和排列氨基酸是在 mRNA 指导下进行的，因此，这种差错是 mRNA 指导错误造成的。而 mRNA 又是由 DNA 转录而成的，所以，这种差错最后又归罪于 DNA 转录的错误。可见，生物在合成蛋白质过程中出现差错，是在 DNA 转录成 RNA、RNA 翻译成蛋白质的过程中出现差错引起的。生物体的一切生命活动，都是由蛋白质来完成的。如果生物合成了大量不合格的蛋白质，就会导致生物的衰老甚至死亡。

那么，关于衰老的“差错灾变假说”是否正确呢？科学家们对此进行了验证。

科学家霍利戴（Holiday）和塔兰特（Tarrant）通过研究发现，在蛋白质合成中，如果出现了差错，那么它合成出来的酶（酶也是一种蛋白质）一遇到高温，就会丧失原来的活性或功能，发生变性反应。他们把这种酶叫做“不耐热酶”。他们通过进一步研究发现，在老年人体中，存在着许多这种“不耐热酶”，而在中年和青年人体中，则很少存在甚至不存在这种“不耐热酶”。很显然，如果人体中大量存在这种“不耐热酶”，那么就会加速人的衰老甚至死亡。

衰老的“差错灾变假说”认为，生物的衰老来源于蛋白质合成中所出现的差错；生命的衰老缘于细胞质（因为蛋白质的合成是在细胞质中进行的，而不是在细胞核中完成的），而不是出自细胞核；人的衰老是因为在人体细胞中存在着大量的异常或不合格的蛋白质。可见，这种假说与“遗传程序假说”略有不同（“遗传程序假说”认为生物的衰老缘于细胞核，而不是细胞质)。但是，蛋白质的合成是在细胞核中的DNA指导下完成的，所以差错虽然出现在细胞质中，但却与细胞核中的DNA的转录有重要关系，这两种假说也不是截然相对立的。

当然，这种假说也有缺陷。有的科学家通过研究发现，幼年的小鼠体内也有许多“不耐热酶”，老年小鼠体内的“不耐热酶”仅比幼年小鼠稍高一些，在老年小鼠的肝脏内部甚至根本找不到这种“不耐热酶”。这说明，生物体内的“不耐热酶”或其他类异常蛋白质不是决定生物衰老的唯一因素。衰老的“差错灾变假说”仍需要进一步地修正和完善。

(三) 认为衰老是由生物在异常情况下产生“自由基”引发的——衰老的“自由基假说”

这个假说首先是由科学家哈尔曼(Harman)等人提出的。他认为，生物在受到放射线辐射，电离辐射，$SO_2$、$NO_2$ 和 $O_3$ 等氧化性环境污染或者肝脏受到酒精的过量损伤时，就会产生大量异常的自由基。这些异常自由基会使核酸、蛋白质等物质受到损伤，一旦这种损伤达到一定程度，就会导致生物细胞生理功能的衰退，从而导致生物发生衰老。

自由基也叫游离基，它是指在外层电子轨道上含有一个不配对电子的原子或分子。在化学反应中，原子或分子中的电子对(即两个电子成双成对存在)彼此分开，其中一个电子留在它原来所存在的原子或分子中，另一个电子则转移到其他原子或分子上。这样单个电子就具有恢复原来成对出现状态的趋势。因此，拥有单个电子的原子或分子——自由基，就具有很强的氧化能力，拥有很大的自由能，它凭借着这种氧化能力和自由能，去攻击和破坏它所遇到的任何分子(包括像核酸和蛋白质这样的生物高分子)，从而导致生物的生理功能发生衰退，使生物发生衰老。

然而，并不是所有的自由基都对生物物质产生破坏性作用。生物在正常的生理代谢过程中(如细胞的呼吸作用、细胞质中的线粒体的氧化作用等)也产生自由基，但它只是生物新陈代谢过程中的中间产物，这些自由基一般不会给生物的机体带来伤害。只有当生物受到意外伤害，放射线照射，电离辐射，$SO_2$、$NO_2$ 等氧化物的污染以及酒精的侵害时，生物产生出来的自由基才会给生物机体带来严重的伤害。

自由基对生物细胞的损害主要是使细胞膜中的不饱和脂类发生过氧化作用，从而破坏细胞膜的结构。另外，自由基也对线粒体膜、微粒体膜等细胞器膜产生破坏作用。这样，自由基就通过破坏细胞膜来破坏细胞，最后使生物的细胞功能衰退，产生衰老。

根据衰老的“自由基假说”，我们可以通过消除自由基、稳定生物细胞的细胞膜来达到延缓衰老、延长寿命的目的。

（四）认为衰老是由生物细胞中累积大量代谢产物引发的——衰老的“代谢产物假说”

这种假说认为，在大多数老年性的动物细胞中（如衰老的神经细胞、心肌细胞等），存在着大量的有色素性颗粒状的废物或垃圾，它们都是细胞在进行新陈代谢过程中所产生的代谢产物。这些代谢产物积累到一定程度时，就会占据细胞内的大部分空间，干扰细胞正常的生理活动，最后使细胞发生萎缩、衰老甚至死亡。

随着年龄的增长，在人的心肌细胞中会产生大量的像脂褐素这样的代谢产物，这种脂褐素累积达到一定程度就会引起细胞新陈代谢发生改变，最后使细胞出现萎缩甚至死亡。

那么，怎样消除细胞中所存在的这些代谢产物呢？科学家们通过研究发现，一种名叫氯酯醒的药物，可以消除细胞中所存在的像这样的代谢产物，延缓细胞的衰老。另外，用氯酯醒还可以治疗一种名叫“帕金森氏症”的老年人神经系统疾病。

（五）认为衰老是由细胞质中的溶酶体破裂所引起的——衰老的“溶酶体假说”

溶酶体是细胞质中的一种细胞器（在细胞质中还有内质网、高尔基体、线粒体、中心粒等许多种细胞器，它们各自担负着一定的生理功能）。在电子显微镜下，溶酶体是一些颗粒状结构，它的外表有一个单层膜，在膜的里面有三十多种水解酶。溶酶体通过这些水解酶可以把蛋白质、核酸、糖类、脂类等生物大分子分解成较小的分子，供给细胞内的物质合成或线粒体氧化的需要。因此，溶酶体主要有溶解和消化的功能，它对排除生物机体内的死亡细胞、排除异物保护机体以及促进胚胎发育都有重要作用。

当溶酶体受到过量的雄激素、雌激素、细胞毒素、辐射、维生素 A 等因素影响时，它的外面体膜就会不稳定甚至发生破裂。这时，溶酶体内的各种水解酶就会泄漏逸出溶酶体，它既把细胞溶解掉，又会向细胞外扩散，损伤其他组织、器官，从而导致生物发生衰老。

有的科学家发现，一些药物如皮质类固醇激素类、止痛剂、安定剂、抗氧化剂、抗组胺药、抗抑郁药、低温防护剂等，都可以保护或修复溶酶体的外层膜，维持溶酶体的正常结构和功能，达到延缓动物衰老的目的。目前，这种科学假说仍在证实和完善之中。

（六）认为衰老是受大脑中的衰老中心支配的——衰老的“脑中心控制假说”

这种假说认为，在动物的大脑中，存在着一个能够支配动物衰老的中心“机构”，称为“大脑的衰老中心”，动物的衰老是由这个衰老中心支配的。科学家们通过研究发现，这个衰老中心就是指大脑中的“下丘脑—脑垂体—内分泌系统”。

少年朋友们在学习了人体组织解剖学以后就会知道，脑位于颅腔内，它由大脑、间脑、中脑、脑桥、延髓和小脑组成。其中，丘脑是间脑的一部分。脑垂体是内分泌系统中最主要的内分泌腺，它与下丘脑相连，分为腺垂体和神经垂体两大部分。

那么，大脑高级神经系统是如何调节和支配内分泌系统，进一步影响生物的生理活动的呢？人体解剖学家的研究表明，大脑高级神经系统发出信号后，信号传到下丘脑，下丘脑通过分泌一种名叫儿茶酚胺类的物质（包括多巴胺、去甲肾上腺素等）把信号又传递给脑垂体，脑垂体再通过分泌出的各种激素物质，作用于其他内分泌腺，从而调节和控制生物全身的生理活动。这个过程可以简单地写成：下丘脑→脑垂体→各种内分泌腺→全身生理活动。

由此可见，下丘脑和脑垂体在调节生物内分泌系统的活动、控制生物的生理活动过程中，起到了至关重要的作用。如果下丘脑和脑垂体的功能出现衰退，就会使生物机体控制与维持体内环境稳定的能力逐渐减弱，从而导致生物机体发生衰老。因此科学家们认为，下丘脑和脑垂体是支配生物衰老的中心，大脑中存在着这样的“衰老中心”，它们对生物的衰老起到决定性的作用。但是他们还没有弄清这个“衰老中心”是如何支配生物发生衰老的，所以这个假说仍在完善之中。

据不完全统计，科学家们在研究衰老问题上已经提出了三百多种假

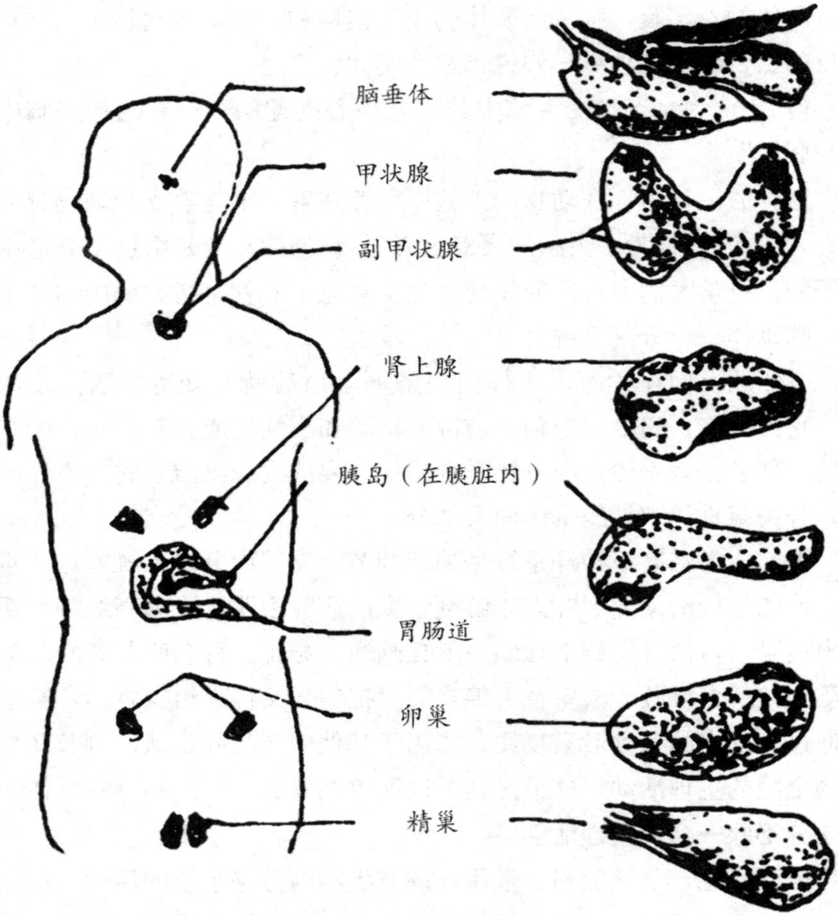

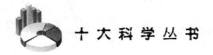

(A) 内分泌腺在人体内的分布　(B) 各分泌腺的外形及人体的内分泌腺

说，试图从不同角度去揭开衰老之谜。但是这些假说都不全面，科学家们各执己见，争论不休。

为了全面研究生物衰老的发生机理，结束这种假说林立、争论不休的局面，科学家们开始建立一种能够取各家之长、全面阐述生物衰老机理的统一的衰老假说。下面将要向少年朋友们介绍的“整体衰老假说”就是这样的一种科学假说。

## 四、“整体衰老假说”

1998年12月12日，在北京举行的“蒋松柏整体衰老学说”高级研讨会上，中国青年学者蒋松柏发表了他的“整体衰老学说”。这个科学假说受到了中国科学院院士、著名生物学家谈家祯教授等专家的高度评价。

作为一名优秀的青年学者，蒋松柏长期从事衰老与延缓衰老的研究。二十多年来，他广泛阅读了古今中外大量的研究衰老问题的文献，吸取了中西方文化的精华，在继承前人研究成果的基础上，经过自己的研究与创新，提出了“整体衰老假说”。

蒋松柏认为，衰老实质上是生命新陈代谢发生“不可逆”的衰减现象。动物和人的胚胎细胞在分化过程中，就在生理功能和生物合成功能上进行了分工，使每种组织细胞各自合成不同的生理代谢物质，相互协调，共同维持生物正常的生理活动。发生衰老的根本原因是，蛋白质合成的速率高于细胞核物质合成的速率，从而使生命体内组织的再生性细胞的分化（减少）大于它的分裂（增殖），同时也使生命体的生殖细胞的减数分裂加速。动物和人体中的组织细胞各有分工，它们各自合成不同的生理代谢物质，相互之间相辅相成，互相补偿。其中任何一个组织细胞的功能减退都会影响到整个动物或人机体的新陈代谢活动的正常进行，最后导致衰老。他提出，如果能促进细胞的分裂增殖，就可以实现人体的“返老还童”。

少年朋友们可以从以下几个方面来理解蒋松柏的“整体衰老假说”。

（一）这个假说把衰老看成是生命体在一生中所必然出现的一种客

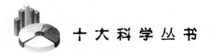

观现象，它强调了衰老的必然性

俗话说：“人活百岁，难免一死。”这是生命活动的一般规律，是任何人也逃避不了的。衰老和死亡是一种正常的客观现象。

在古代，封建统治者为了使自己长生不老，千方百计地派人到处去找长生不老药，或派人炼制长生不老药，结果他们一个个都命丧黄泉，化做历史的尘埃。在秦代，秦始皇曾派遣徐福率领 3000 名童男童女乘船入海，东渡蓬莱去寻找长生不老药。徐福等人到了日本以后，再也没有回来，秦始皇也只能望眼欲穿，最终还是逃脱不了衰老和死亡。在秦、汉时期，封建统治者还大力提倡推广炼丹术，要把普通金属炼成黄金、白银或所谓的长生不老药。这种炼丹术到了唐、宋时期达到了高潮（古代的印度、埃及、阿拉伯等地也有炼丹术），还传到了希腊、罗马乃至欧洲各国。但是炼丹术不仅没有令皇帝长生不老，反而使他们过早地命丧黄泉（据说唐代有 6 个皇帝都因吞食丹药而死亡）。不过，炼丹术虽然救不了人，但却促进了古代化学的产生与发展。

（二）“整体衰老假说”把衰老看成是生命体内各种组织器官衰老的整体现象，它强调了衰老的整体性

人体是由消化系统、呼吸系统、循环系统、运动系统、神经系统、生殖系统、内分泌系统、排泄系统这 8 大系统组成的生命有机体，每个系统又是由许多器官组成的（如消化系统由口腔、食道、胃、肠等消化器官组成），而每个器官又是由许多组织、细胞构成的。这些系统、器官、组织只有相互配合、协调，才能保持人体生命活动的正常进行。一旦某一种系统发生衰老，就会导致其生理功能衰退，进而影响到其他系统的生命活动，从而使得整个人体的生命活动发生失调甚至混乱，最后导致整个人体的生理功能发生衰退和衰老。

如果一个人的胃发生了病变，那么它将影响到人的食欲和对食物的消化和吸收，其结果不仅使他的消化系统发生病变，也使其他系统中的器官因缺乏营养或者营养不良而发生衰老。这样，随着时间的推移，整个人体的生理功能发生衰退，生命活动发生混乱，最后导致整个人体发生衰老。

可见，人整体的衰老是由局部的衰老引发的，是各个局部衰老综合作用的结果。因此，积极锻炼身体，预防疾病的发生，尽量减少身体内局部的衰老，是延缓整个人体衰老的有效方法。

（三）“整体衰老假说”把新陈代谢看成是衰老的一个重要标志，它强调了新陈代谢在衰老中的地位

我们已经知道，新陈代谢是生命的重要特征，它包括同化作用和异化作用，物质代谢和能量代谢等相互联系、相互作用的过程。人体（或动物体）通过新陈代谢中的同化作用过程，不断地从外界环境中摄取营养物质，把它合成适合于自身需要的营养物质，把其中的能量转变成自身所需要的能量；同时，又通过异化作用过程，分解自身的营养物质，

向外释放能量，用于其他生命活动（如学习等），并把剩下的废物排出体外。

新陈代谢又是人体（或动物体）内各个系统、器官和组织相互协调、配合的一个有机的整体系统过程，如果其中的某一系统或器官、组织发生病变或衰老，就会对上述的相互协调与配合产生不良影响，最后影响人体新陈代谢活动的正常进行，导致新陈代谢过程受阻，使整个人体（或动物体）的生理功能发生衰老。

可见，新陈代谢是影响人体（或动物体）衰老的重要因素。它的整个过程是否通畅，是衡量人体（或动物体）衰老程度的重要标志。因此，要保持人体（或动物体）中各个脏器的健康，保持充沛的精力和良好的心态，就要积极锻炼身体，预防疾病。只有这样，才能保障新陈代谢的正常进行，从而达到延缓衰老的目的。

（四）"整体衰老假说"从细胞和分子水平上，把蛋白质和细胞核物质合成速率不相等以及细胞的分化与分裂不均衡看成是导致衰老的根本原因，它进一步揭示了衰老的原因和本质

我们已经知道，蛋白质和核酸是生命的重要物质基础。在正常情况下，蛋白质合成的速率与细胞核物质的合成速率是相同或相似的，从而保证生命体生长、发育活动的正常进行，保持新陈代谢活动的正常进行，使得生命体不会迅速衰老。

但是，如果蛋白质的合成速率与细胞核物质的合成速率不相同或不平衡（如假说中所说的，蛋白质合成的速率高于细胞核物质合成的速率），就会对生命体的生长和发育或新陈代谢活动带来不良影响，加速生命体的衰老进程。

那么，蛋白质合成速率高于细胞核物质合成的速率，又是如何导致衰老的呢?

我们知道，生命尤其是高级生命是以细胞为重要结构基础的，细胞是一切生物结构和功能的基本单位。蛋白质和核酸只有存在于细胞中，

才能有效地发挥它们的功能，否则，只能永远地停留在原始、低级生命的层次上，不会迅速发展。

生命体的生长和发育在很大程度上依赖于细胞的分裂和分化。细胞分裂的结果，使得细胞数量不断增加，满足生命活动的各种需要；细胞分化的结果，形成了不同的组织、器官和系统，各自承担生命体活动中的各项功能。因此，如果蛋白质合成速率高于细胞核物质合成的速率，那么就会使细胞分化大于细胞分裂。其结果，细胞数量不断减少，远远满足不了细胞分化的需要（因为细胞分化形成各种组织、器官和系统需要许多细胞，而这些细胞来源于细胞分裂），从而使生命体的结构和功能发生衰退，加速它的衰老。

另外，生命体的遗传，又在很大程度上依赖于生殖细胞的活动。生殖细胞也叫做性细胞，它根据生物的性别不同而又分为精细胞（雄性细胞）和卵细胞（雌性细胞）。这些性细胞经过两次分裂后，一个精细胞产生了4个精子，一个卵细胞产生了1个卵子。同时，精子和卵子内的染色体数目比原来的精细胞和卵细胞中的染色体数目减少一半。生物学家们把性细胞的分裂叫做“减数分裂”，把其他细胞（体细胞）所进行的分裂叫做“有丝分裂”（这种细胞在分裂前后，染色体数目保持不变）。精子和卵子相互结合形成受精卵，受精卵又通过发育，产生新一代的生物个体，从而使生命体通过繁殖，保持生命性状的遗传和生物种族的延续。

可见，生命体的遗传，尤其是高级生物的遗传，主要是通过生殖细胞的减数分裂完成的。如果蛋白质合成速率高于细胞核物质合成的速率，那么就会使生殖细胞的减数分裂加速，形成大量的精子或卵子，从而打乱了生殖系统的正常活动，同时也对内分泌系统、神经系统等其他各系统的生理活动产生不良影响，最后导致生命体的一切生理功能过早地衰退，生命体过早地衰老。

综上所述可以看出，“整体衰老假说”揭示了衰老发生的客观必然

性和系统整体性，它既从宏观的整体角度论述了衰老发生的过程及其机理，又从微观的细胞水平和分子水平上，阐述了衰老发生的深层机制，从而在一定程度上达到了对衰老的整体性、全面性及深刻性的认识，弥补了以往各种科学假说所存在的片面性、孤立性的不足，标志着人们对衰老问题的研究达到了一个新的高度和深度，这也是中国青年学者为衰老生物学的发展所作出的突出贡献。

当然，“整体衰老假说”也不是完美无缺的，也存在着不足。它虽然强调了衰老发生的客观必然性和系统整体性，但是，仍然没有详细阐述发生衰老的具体原因以及这些因素使生命体发生衰老的具体过程；它虽然指出了如果生命体内的任何一个细胞功能减退，都将影响到整个机体的新陈代谢，导致整个机体发生衰老，但也没有详细论述其中的具体过程。因此，“整体衰老假说”仍然需要进一步地完善和发展，衰老之谜将等待着我们去揭开。

# 中医学史上的奇葩

## ——《黄帝内经》及“经络假说”

我们伟大的祖国历史悠久，文化灿烂；祖国的中医学成果辉煌，博大精深。先民们以他们天才般的智慧和顽强的毅力，创造了独特的理论体系和优异的医疗效果，使我国的中医学以长盛不衰的雄姿，屹立于世界医学之林。同时也为世界医学的发展作出了独特的贡献。正如毛泽东同志所说，“中国对世界是有大贡献的，我看中医就是一项”。

在中医学的百花园中，《黄帝内经》以及它的“经络假说”就是一朵绚丽多彩的奇葩。“经络假说”是中医学中的一个重要的基本理论，它从古至今一直指导着中医各科的医疗实践，始终是中医学界乃至整个医学界研究、争论的课题。可以说，“经络假说”从其产生之日起，就引起了人们的关注。在改革开放的今天，随着中外医学交流事业的不断发展，“经络假说”和《黄帝内经》中的其他医学理论也受到世界其他国家医学研究者们的注意，他们试图进一步地完善和发展这门古老的中医理论。

## 一、《黄帝内经》概况

### （一）《黄帝内经》的成书时间及其结构

《黄帝内经》是我国古代最重要的一部医学理论著作，它成书于战国至东汉时期，是由多人撰写并经历漫长历史时期才完成的中国传统医学中最早最辉煌的医学经典巨著。《黄帝内经》分为《素问》《灵枢》两部分，全书共18卷，由162篇论文组成，总字数超过20万字。

（二）《黄帝内经》的主要内容

1. 运用“精气”理论分析病情和治疗疾病。

《黄帝内经》认为，人患病是“正气”和“邪气”相互斗争的结果。“正气”是指人体所具有的抵御外邪的抗病能力；“邪气”是指侵害人体健康的各种因素，如自然界中所存在的风、寒、热、湿、燥、火六种气就是“邪气”，它被称为“六淫”。《黄帝内经》认为，病人在一天中所遇到“正气”和“邪气”是不同的，因此他们的身体状况也是不同的。早晨，正气上升而邪气下降，所以病人觉得清爽；中午，“正气”胜过“邪气”，所以病人觉得安宁；黄昏，“正气”衰落而“邪气”上升，所以病人的病情加重；半夜，“邪气”胜过“正气”，所以病人的病情严重。

《黄帝内经》认为，应当依靠调气运行的方法来扶正祛邪。扶正就是给病人增补正气，使正气充足，最后能够战胜邪气。扶正的方法有两种：一种是用药治病，增补正气。药物有“阴药”和“阳药”之分，“阴药”的味道是酸、苦、咸，“阳药”的味道是辣、甜、淡。这两种药各有各的疗效，应当根据病情选择用药，以达到调气的目的。另一种方法是用针灸治病，调整精气。《黄帝内经》中记载，在给轻病人进行针灸之前，医生一边给病人按摩，一边取出大长针给他（她）看，恐吓说：“我要用这样长的针刺你！”这时，病人由于惊恐，体内的“邪气”散开。然后，医生再给病人进行针灸。这时，病人体中的“邪气”便顺着针眼被排出体外，从而使得病人体中的“正气”增加，“邪气”减少，达到了治病的目的。

2. 用“阴阳学说”分析人体的结构和病情并治病。

《黄帝内经》认为，“阴”“阳”是对立的，它是人体结构和生命活动的根本法则。什么是阴阳呢?《黄帝内经》以水和火为例来说明：火炎热，它体现了阳性的特征；水寒冷，它反映出阴性的本质。当病人体内的阴气胜过阳气时，病人就发冷；反之，病人就发热。如果阴盛阳衰，病人就喜欢独自居住而不愿意见人；如果阴衰阳盛，病人就会到处乱跑、心情激动。在人体结构中，五脏（指心、肝、脾、肺、肾）为阴；六腑（指胆、胃、大肠、小肠、膀胱、三焦）为阳。但是，这种阴阳又不是绝对不变的，而是相对可变的。例如，六腑相对于五脏来说，它为阳，但它相对于四肢（双手及双脚，为阳）来说，它又为阴。也就是说，阴阳在一定条件下，是可以相互转化的。正是人体结构中的阴阳双方既对立又统一，才成为人体生命活动的动因和法则。

那么，如何用“阴阳学说”来治病救人呢?《黄帝内经》认为，如果人体内的阴阳平衡，人就健康无病；反之，则有病。治病要坚持“正者正治，反者反治”的原则。这就是说，在治病过程中，要从阴阳正反两方面去治病，既可以阳病治阳、阴病治阴，也可以阳病治阴、阴病治阳。如果用药物治病，那么在一般情况下，用热药治寒病，如果发现病人仍有寒象，就应当用药补阳；用寒药治热病，如果发现病人仍有热象，就应当用药滋阴；如果用针灸治病，那么，在用针时，如果发现病是因邪气侵阳而生的，就要用针把侵阳的邪气从阴面引出来；如果发现病是因邪气侵阴而生的，就要用针把侵阴的邪气从阳面引出来，从而达到祛邪扶正的治病目的。

3. 用“五行学说”分析人的病情，治疗疾病。

《黄帝内经》认为，天地万物都是由金、木、水、火、土这五种物质构成的，人也不例外。这五种物质通过彼此之间的相生和相克，推动天地万物的进化与发展。相生指的是统一和协调，相克指的是矛盾和对立。“五行”中的相生是指木生火，火生土，土生金，金生水，水生木；相克则是指水克火、火克金，金克木，木克土，土克水。

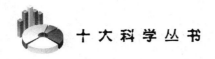

《黄帝内经》根据“五行学说”理论，把人分成“木形之人”“火形之人”“土形之人”“金形之人”和“水形之人”5种类型。每种类型又各有5个小类，这样，它总共把人分为25种类型。它还论述了每种类型人的特点。例如，它认为“木形之人”的外貌像东方人，这种人皮肤发青，头小而长，肩宽背挺，身材矮小，手脚灵活；有才干且好思索，气力不足，常发忧愁，办事勤恳。

《黄帝内经》又根据“五行学说”，把人的脏腑、五官、形体和情感都分成五种类型。就脏腑而言，肝属木，心属火，脾属土，肺属金，肾属水；胆属木，小肠属火，胃属土，大肠属金，膀胱属水；就五官而言，目属木，舌属火，口属土，鼻属金，耳属水；就形体而言，筋属木，脉属火，肉属土，皮毛属金，骨属水；就情感而言，怒属木，喜属火，忧属土，悲属金，恐属水。

《黄帝内经》根据“五行学说”中的五行相生相克作用理论，还论述了人体脏腑之间以及脏腑与自然气候之间的相生相克的作用关系。该书认为，肝生心，心生脾，脾生肺，肺生肾，肾生肝；肝克脾，脾克肾，肾克心，心克肺，肺克肝。暴怒伤肝，肝病常在春天发作；酸味适量养肝，过量又会伤肝。

那么，如何运用“五行学说”治病呢?《黄帝内经》认为，在治病前，应先观察自然环境对病情的影响。一般来说，东风生于春天，人多得肝病；南风生于夏天，人多得心病；西风生于秋天，人多得肺病；北风生于冬天，人多得肾病。另外，根据“五行”相生相克理论，各种疾病又相互联系、相互伤害。例如，肝病会引起心病（这就是所说的“母病及子”），肺病又会导致脾病（这就是所说的“子病及母”）。如果肝气过多，就会伤害脾，又反过来会欺侮肺；如果肝气不足，就会被肺和脾所伤害。因此《黄帝内经》主张，在治病过程中，要坚持调整阴阳，使它们保持平衡的基本原则。在用药物治疗的过程中，应当根据药物的味道来对症用药。例如，酸味药可以入肝，辣味药可以人肺，苦味药可以入心，咸味药可以入肾，甜味药可以入脾。此外，还可以运用精神情感来治病，当病人因某种情感过度而患病时，就要设法让病人产生一种能够克制这种情感过度的另外一种情感，从而达到治病目的。例如，过怒伤肝，就用悲来克怒；过喜伤心，就以恐吓克喜；过度思念会伤脾，就用怒克制思念；过度忧伤会伤肺，就用喜克制忧伤；过多的恐惧会伤肾，就用思念克制恐惧。

4. 创立了“五脏六腑运动假说”。

《黄帝内经》的作者通过尸体解剖，对人体的结构进行了研究。他们把人体的结构组成分为“五脏”和“六腑”。“五脏”包括心、肺、肝、脾、肾；“六腑”包括肾、大肠、小肠、膀胱、胆和三焦。“三焦”又分为上焦、中焦和下焦三个部分（焦是指身体中的某些部位），上焦是指从胃的上口到舌头的下部，它包括心肺、食管等器官；下焦是指从胃的下口到盆腔，它包括肾、小肠、大肠、膀胱等器官；中焦则是指胃的上下口之间的一段。可见，三焦实质上是腑与脏的综合体，它没有具体的器官。在“五脏六腑”中，心是最重要的器官，它统一指挥着其他脏腑的生命活动，是生命的根本、精神的发源地。

《黄帝内经》不仅用“五脏六腑”描述了人体的结构，而且它还认为，人体的五脏六腑不是静止不变的，而是运动变化的。

首先，《黄帝内经》根据“五行”相克的原理，论述了五脏之间的相互作用。它指出，肾水克心火，心火克肺金，肺金克肝木，肝木克脾土，脾土克肾水。五脏之间的相克作用是一种循环运动，它一方面保持了五脏运动的平衡，维持了机体的正常生理功能；另一方面构成了人体的五脏生理运动环，其中任何一个脏器的运动都推动着其他4种脏器的运动；反之，任何一个脏器的运动失常，也影响其他4种脏器的正常运动。

其次，《黄帝内经》论述了五脏与六腑之间的相互作用关系。它指出，“肺合大肠”，“心合小肠”，“肝合胆”，“脾合胃”，“肾合膀胱”，三焦为六腑的综合体。这就是说，肺与大肠、心与小肠、肝与胆、脾与胃、肾与膀胱都是相互作用的。例如，肺气的升降直接影响着大肠的生理功能；反之，大肠的生理功能发生异常病变，也会对肺产生不良的影响。其他的脏与腑之间也存在着这样的相互作用关系。

最后，《黄帝内经》阐述了脏、腑与人体的血脉、皮毛、筋爪、骨肉以及头部七窍、自然气候之间的相互关系。它指出，心影响着“神”的变化，它与血脉相通，与夏气相连；肺是“魄”的发源地，它与皮相通，与秋气相连；肾是“精”的发源地，它与骨相通，与冬气相连；肝是“魂”的根据地，它与筋相通，与春气相连；其他几种脏、腑则是营气的发源地，与肌肉相通，与土气相连。另外，肺与鼻相通，心与舌相通，肝与目相通，脾与口相通，肾与耳相通。五种脏器如果不相谐和，那么人体的头部七窍则不通；六种腑器如果不相谐调，那么人体就会累积各种疾病。由于五脏六腑的精气全部会聚到人的双眼之中，因此察看双眼的神与光，就能判断人体五脏六腑的健康状况。

《黄帝内经》的“五脏六腑运动假说”告诉我们，人体的各种脏器和腑器不是静止的、互不联系的，而是运动的、相互作用的。人体的五脏六腑本身就是一个相互联系的系统整体，它们通过相互作用，完成人体整个生命运动的功能和使命。同时，它也告诉我们，在治疗过程中，应当从人体整个脏腑角度进行诊断和治疗，不要只看局部、不顾全体，头痛医头、脚痛医脚。因此，“五脏六腑运动假说”也是治病救人的理论基础之一。

5. 提出了“精气神运动假说”。

《黄帝内经》认为，精、气、神是人的性命之根。它们之间的相互作用，促进了人体的生长发育。

那么，什么是精、气、神呢？它们之间有什么关系呢？

“精”，有先天之精和后天之精之分。先天之精是生来就有的，从父母那里获得的；后天之精是人依靠五脏六腑从食物的精华中摄取而来的。人除了从食物的精华中获取“精”之外，还获得了“血”“津”“液”（“津”和“液”都是指人的体液）等营养物质。

“气”共分为四种：元气、宗气、营气、卫气。其中，“元气”也叫真气，是人体最根本、最重要的生命运动的原动力，它由肾化生而来，同时又与自然界中的大气进行交换；“宗气”是由肺吸入的“清气”与脾胃所产生的精气结合而成；“营气”也叫“荣气”，是与血液共同运行于脉中的气，它是由脾胃运化而生的，具有营养脏腑、润泽筋骨皮毛的功能；“卫气”是运行于脉外的气，也是由脾胃化生而来的，它具有调节温度、保持人体正常体温的功能。

“神”，是人体生命运动现象的总称，它包括神、魂、魄、意、志、思、虑、智等高级思维活动。其中，“神”对生命运动起到关键性的作用；“魂”是由心和肝产生出来的一种精神意识；“魄”存在于肺中，它也是一种精神；“意”和“志”是意识、回忆、记忆，它们与大脑的思维有关；“思”是指反复思考；“虑”是指深谋远虑；“智”是指随机应变。

总之，“精”“气”“神”是人体生命的最基本物质。其中，“精”是有形物质，“气”是无形物质，“神”则是精气运动的各种表现。“精”是“气”的物质基础，没有“精”，则没有“气”，更不会有“神”。因此，《黄帝内经》说，“精为气母”“精为神宅”。可见，在“精”“气”“神”中，“精”是最重要的，也是最根本的。人体中的“精”“气”既由脏腑化生，又与自然之气进行交换，人体是一个开放系统。

此外，《黄帝内经》还最早发现了人体血液循环运动现象；第一次提出了“不治已病治未病”的预防疾病思想；首次发明了通过人的正常呼吸来测定脉搏的搏动次数的方法；第一次按照阴阳、脏腑、筋骨、脉、肌肉等对疾病进行分类；第一次发明了针灸疗法；最早以科学的态度认识疾病的潜伏期；最早对疾病进行鉴别诊断。当然，还有最早创立的“经络假说”（关于“经络假说”，我们将在下文作详细介绍）。因此说，《黄帝内经》为祖国中医学的发展，也为世界医学事业的发展作出了杰出贡献。

## 二、“经络假说”简介

“经络假说”与前文所说的“五脏六腑运动假说”和“精气神运动假说”一起，是《黄帝内经》中的主要思想内容。“经络假说”的内容主要包括十二经脉、奇经八脉、十二经别、十六别络、十二经筋、十二皮部等。人体的经络决定着人的生死，因此，“经络假说”备受人们关注。

（一）“经”和“络”的概念

“经”，是直行的主线的意思；“络”，是网络的意思。“经络”实质上是“经脉”和“络脉”的简称。《黄帝内经》按照气血虚实和阴阳部

位的不同，又把经脉和络脉分为虚经、实经、阴经、阳经和阴络、阳络、大络、小络、浮络等各种不同类型的经脉和络脉。

从“经”“络”的概念可以看出，人体中的经脉与络脉形成了一个纵横交错的网络系统。人们把这样的系统叫做“经络系统”。经络系统在内部与五脏六腑相联系；在外部，它又与筋肉、皮肤等组织相通连。

（二）“经络假说”的内容

1. 十二经脉。

十二经脉是人体经脉中的正经或主经，它包括手三阴经和手三阳经、足三阴经和足三阳经，简称“手足三阴三阳经”。

“手三阴经”包括手太阴肺经、手厥阴心包经和手少阴心经三种经脉；“手三阳经”包括手阳明大肠经、手少阳三焦经和手太阳小肠经三种经脉。这些经脉主要经过人的手臂，并在手指尖处终止。因此，把它们叫做“手三阴三阳经”。

“足三阳经”包括足阳明胃经、足少阳胆经和足太阳膀胱经三种经脉；“足三阴经”包括足太阴脾经、足厥阴肝经和足少阴肾经三种经脉。

这些经脉主要经过人的下肢，并在脚趾处终止。因此，把它们叫做“足三阴三阳经”。

十二经脉的起点、终点和它们之间的相互关系可以用下面的图线表示：

①手太阴肺经（起点是中焦，终点是食指尖）→②手阳明大肠经（起点是食指尖，终点是鼻）→③足阳明胃经（起点是鼻旁，终点是足大趾端）→④足太阴脾经（起点是足大趾端，终点是心）→⑤手少阴心经（起点是心，终点是小指）→⑥手太阳小肠经（起点是小指，终点是眼内角）→⑦足太阳膀胱经（起点是眼内角，终点是足小趾）→⑧足少阴肾经（起点是足小趾，终点是胸中）→⑨手厥阴心包经（起点是胸中，终点是无名指）→⑩手少阳三焦经（起点是无名指，终点是眼外角）→⑪足少阳胆经（起点是眼内角，终点是足大趾）→⑫足厥阴肝经（起点是足大趾，终点是肺、中焦）→①手太阴肺经。

从上面十二经脉的关系简意图线，少年朋友们可以看出，各个经脉彼此是相互连接的，一个经脉的终点是另一个经脉的起点，一经接一经，形成了一个既无起点又无终点的经脉循环系统。这也正如《黄帝内经》上所说，“经络之相贯，如环无端”（意思是经络相互贯通，像一个没有起点和终点的环），“经脉流行不止，环周不休”。在十二经脉中，各条经脉各有自己的流行途径，它们在流行中又相互贯通，合为一气，形成一个整体，从而保证了人体气血循环的通畅、生命活动的正常进行。

2. 奇经八脉。

人体除了拥有上述十二正经以外，还有另外八条正经，这就是“奇经八脉”。它们共同构成人体的二十条正经。

所谓“奇经八脉”，是指任脉、督脉、冲脉、带脉、阴跷脉、阳跷脉、阴维脉、阳维脉这八条经脉。它能够调节十二经脉的流行，与它们共同参与人体气血的循环运动。

“任脉”始于胞中（指胞胎处）和会阴部，终止于眼部。它在运行中与手足三阴经及阴维脉交会。它调节着人体全身的阴经，与女子妊娠有关。

“督脉”从人体脊柱下部沿后背中轴线一直运行到脑及鼻。它总管全身的阳经，在运行中与手足三阳经及阳维脉交会，与人脑和脊髓、肾有密切关系。

“冲脉”在人体全身运行，贯串全身，无所不至，它与十二经脉都发生联系，与妇女月经有关。

“带脉”像一条长带一样，围绕人体1周运行。

“阴跷脉”是从足少阴肾经分出的经脉，它下起于足跟的“然谷穴”（一种穴位名称），上到“目内眦”（内眼角），在运行中与手太阳小肠经、足太阳膀胱经和阳跷脉交会。

“阳跷脉”是从足太阳膀胱经分出的经脉，它下起于足外踝下的“申脉穴”，上到耳后，在运行中与手足太阳经、阴跷脉和足少阳胆经交会。

“阴维脉”运行于阴经之间，它起始于小腿内侧的“筑宾穴”，终止于咽喉，在运行中与足厥阴经同行，与任脉相交合。

“阳维脉”运行于阳经之间，它起始于足外踝下的“金门穴”，终止于额部及头两侧，在运行中与足少阳胆经并行，和督脉相会合。

在上述“奇经八脉”中，任脉、冲脉、督脉共同起源于“胞中”（胞胎），阴阳两跷脉也共同起于足跟部。这八条经脉保持与十二经脉之间的正常关系，对十二经脉的盛衰具有蓄积和灌渗的作用。因此，古代医学家常把十二经脉比做河流，把奇经八脉比为湖泊。当十二经脉处于旺盛时，多余的经气便流向奇经八脉这个湖泊里蓄积起来；当十二经脉处于衰退时，奇经八脉所蓄积的经气便流向十二经脉，供给它们经气，使它们能够恢复经气，保证正常运行。所以，我们也可以把奇经八脉比喻为经气运行中的“保险公司”。

3. 十二经别。

十二经别是从十二经脉分出的经脉。当十二经脉运行到人的四肢部位（即肘、膝以上部位）时，就分出“十二经别”，《黄帝内经》把这个过程叫做“离”（即分离的意思）；然后，十二经别进入“五脏六腑”，《黄帝内经》把这个过程叫做“入”（即进入的意思）；随后，十二经别由脏腑从人体表面出来，向头面运行，《黄帝内经》把这个过程叫做“出”（即出来的意思）；最后，“十二经别”中的阴经经别和阳经经别各自相互会合，组成六对阴阳经别，它们分别注入六条阳经经脉，《黄帝内经》把这个过程叫做“合”（即会合的意思）。这样，“十二经别”的起源及运行循环过程，也就是它们的“离”“入”“出”“合”的过程。

从“十二经别”的“离”“入”“出”“合”过程可以看出，它们大都分布在人体的胸部、腹部和头部，它们通过循环运行沟通了阴经和阳经之间的关系，使得“十二经脉”的正经形成了从手到头，从头到足，从脏腑到体表，从胸腹到四肢的气血循环运动系统。

那么，“十二经别”从十二经脉分出以后，是如何通过阴阳经脉会合，形成六对经别的呢？

足太阳经别与足少阴经别会合，这叫“一合”；

足少阳经别与足厥阴经别会合，这叫“二合”；

足阳明经别与足太阴经别会合，这叫“三合”；

手太阳经别与手少阴经别会合，这叫“四合”；

手少阳经别与手心主经别会合，这叫“五合”；

手阳明经别与手太阴经别会合，这叫“六合”。

通过以上六种阴阳经别的组合，形成了六对阴阳经别组。它们配合十二经脉，加强了十二经脉在体内的联系，加强了它们和机体内外四肢、躯干以及心、头、面之间的联系，从而保证了人体生命活动的正常进行。

4. 十六胳脉。

十二经脉在人的四肢部分除了分出“十二经别”以外，还分出了“十二络脉”。此外，任脉和督脉也各自向外分出一条络脉；还有脾络脉和胃络脉。这样，“十二络脉”加上“任络脉”“督络脉”以及“脾络脉”“胃络脉”，共有“十六络脉”（有的人不把“胃络脉”算在内，说有“十五络脉”）。

“十六络脉”具体指以下16种络脉：

①手太阴络脉，②手少阴络脉，③手厥阴络脉，④手太阳络脉，⑤手少阳络脉，⑥手阳明络脉，⑦足太阳络脉，⑧足少阳络脉，⑨足阳明络脉，⑩足太阴络脉，⑪足少阴络脉，⑫足厥阴络脉，⑬任络脉，⑭督络脉，⑮胃络脉，⑯脾络脉。

此外，上面的各种络脉又向外分出许多细小的支脉，《黄帝内经》把它们叫做“孙络脉”，同时把那些浮现于人体表面的络脉叫做“浮胳脉”。这些络脉遍及全身，参与人体的气血循环运动。

5. 十二经筋。

十二经脉与人体的筋肉、骨骼及关节相联系，又形成“十二经筋”。十二经筋主要分布在人体的四肢（多存在于关节、骨骼附近）、躯干及头部，具有控制或约束骨骼、关节运动的功能。

十二经筋具体指以下12条经筋：

①手太阳经筋，②手少阳经筋，③手阳明经筋，④手太阴经筋，⑤手少阴经筋，⑥手厥阴经筋，⑦足太阳经筋，⑧足少阳经筋，⑨足阳明经筋，⑩足太阴经筋，⑪足少阴经筋，⑫足厥阴经筋。

6. 十二皮部。

“十二皮部”是指十二经脉以及它们所分出的络脉在皮肤表面的部分。“十二皮部”分布在人体的最外层，是保护人体的第一道屏障。如果邪气透过“十二皮部”深入到经脉、络脉及脏腑，人体就会发病，病情就会再由经脉、络脉反映到“十二皮部”上来。于是，中医就可以通过观察病人的皮肤颜色、表情，诊断病理，再通过用针灸、按摩、热熨、敷贴等方法，经过“十二皮部”，打通经脉、络脉，达到扶正祛邪，治病救人的目的。可见，“十二皮部”既是人体的保护屏障，也是人体病情的“显示器”，又是中医治病去邪的理想部位，它的功能是多方面的。

（三）经络的功能

我们已经了解了“经络假说”的主要内容。那么，这些经、络各自主要有哪些功能呢？

生命的运动过程，就是一个不断地在不平衡中求得平衡的过程。这就像人骑自行车一样，不断地在左右摇摆的不平衡中寻求平衡，向前奔驰。而人体中的经、络就具有调节这种不平衡和平衡之间关系的功能。

“十二经脉”是人体气血运行的主要通道，它与人体的脏、腑有密切关系，倘若“十二经脉”被阻塞，人体就会发病。

“奇经八脉”具有统率、调节“十二经脉”的作用。

“十二经别”加强了“十二经脉”之间及其与人体其他脏腑器官之间的联系。

“十二络脉”加强了人体内脏与外表器官之间的联系，参与人体的气血循环运动。

“十二经筋”主要控制骨骼及关节的运动；“十二皮部”则是“十二经脉”在人体外表的反映部位，它既是人体的天然保护屏障，又是治病救人的理想的治疗部位。

总之，人体的经、络在生理方面，具有运行气血、协调阴阳的功能；在病理方面，具有抵抗病邪、反映病症的功能；在防病治病方面，具有传导感应，调整虚实的功能。经络系统是人体进行正常生命活动的最重要的生理系统。

## 三、经络研究在中国

《黄帝内经》问世以后，中医学家们对包括“经络学说”在内的整个中医理论进行了长期研究，取得了一系列重大成果。

1. 东汉名医张仲景（150—219）根据《黄帝内经》中的“经络学说”思想，探讨了伤寒病的发病规律，写成了千古不朽的医学经典著作——《伤寒论》和《金匮要略》，开创了分科研究人体生命科学的先河。

华佗

另一位东汉名医华佗（公元 2 世纪中叶—公元 3 世纪初）继承了《黄帝内经》中的“经络学说”思想，写成了《中藏经》这部医学著作，发明了麻醉法和开腹术，创立了“五禽戏”健身法（就是模仿虎、鹿、熊、猿、鸟五种动物的各种动作编成的一套健身操）。

2. 晋代中医王叔和总结了前人对人体脉络的研究成果，编写出我国现存最早的脉学专著——《脉经》十卷，促进了中医脉学的研究；中医学家皇甫谧（215—282）对针灸疗法进行专门研究，写成了我国现存最早的针灸学专著——《黄帝针灸甲乙经》，创立了一门独立的中医学科——针灸学。

3. 隋代太医巢元方等人对中医各种病症进行了综合研究，编写成了我国历史上内容最丰富的病理学专著——《诸病源候论》。

4. 唐代著名中医学家孙思邈（581—682）继承了《黄帝内经》的“经络假说”思想，写成了中医学著作《千金方》和《千金翼方》。

5. 宋代著名中医学家赵自化和陈直继承《黄帝内经》中的防病思

想，分别写成了《四时颐养录》和《寿亲养老新书》两部著作，提倡精神休养、注意饮食营养，促进了卫生学和营养学的发展。

6. 金、元两代的中医学发展迅速，形成了四大流派：寒凉派、攻下派、补土派和养阴派。“寒凉派”以刘元素（1110—1200）为代表，主张用寒凉药物治疗热性病；“攻下派”以张子和（1156—1228）为代表，主张治病重在祛邪，用药偏重攻下；“补土派”以李果（1180—1251）为代表，主张“土”是万物之母，补“土”以治脾胃之病；“养阴派”以朱震亨（1281—1358）为代表，主张治病重在滋阴，应当泻火养阴。以上四大中医流派相互争鸣，推动了中医学的发展。

7. 明代名医李时珍（1518—1593）继承发展了《黄帝内经》思想，撰写出了享誉中外的医学名著——《本草纲目》，被英国著名生物学家达尔文誉为“中国古代的百科全书”。

李时珍

8. 清代中医叶天士（1667—1746）等人继承了《黄帝内经》中的“脏腑学说”和“经络学说”，创立了“温病学说”。他们把热性传染病叫做“温病”，并把这些疾病从以往的“伤寒病”中分离出来，单独另断病情，治疗疾病，形成了与“伤寒病学派”相对立的另一种中医学派——“温病学派”，建立了一种与“伤寒病学”相对立的另一门新学科——“温病学”。

9. 民国时期，面对外来的西医以及国内主张废除中医的谬论，恽铁樵（1878—1935）等人奋起捍卫中医，并写出了《群经见智录》一书，从而维护和发展了祖国医学。

10. 新中国成立以后，中医学事业获得蓬勃发展。中医学家们对《黄帝内经》特别是“经络学说”进行深入研究，取得了一系列重大成果。

1956年，我国把经络研究列为全国自然科学发展规划的重点项目；1959年，举行了全国中医经络针灸学术研讨会，促进了经络研究；1964年，我国中医研究院成立了经络研究所，加强了对经络的研究；1980年，举行了第三次全国经络研究学术讨论会。至此，我国的经络研究出现了三种格局：研究“循经感应传导”（即经络循环传导）的机理，研究经穴与脏、腑之间的关系，研究经脉循环运行路线及其物质基础，从而进一步繁荣和发展了经络研究事业。1990年，经络研究又被列为国家“攀登计划”（即国家基础性研究重大关键项目计划），从而使经络研究进入到了一个新的发展时期。

以上我们只是简要介绍了我国历代中医学在《黄帝内经》研究方面取得的重要成果，实际的成果远不止这些。《黄帝内经》及其“经络假说”在中国正在得到进一步的研究与发展。

# 四、经络研究在国外

在古代，除了中国是文明国家以外，古埃及、古印度、古巴比伦、古希腊等都是当时的主要文明国家，他们也在医学领域中取得了优秀的成果。

例如，古埃及人在公元前1584～公元前1320年，就完成了一部医学巨著——《埃伯斯草纸书》；古印度人在公元前1世纪左右，就完成了一部医学著作——《阿柔吠陀》（意思是长寿知识）；古罗马著名医学家盖仑（Claccdices Galen，129—199）一生中写了131部医学著作，建立了古希腊的医学体系。另一位古希腊医学家希波克拉底（Hippocrates，约公元前460—公元前377）把人体的体液分为4种：红色血液、白色粘液、黄色胆汁和黑色胆汁，创立了“体液学说”。他认为，这4种体液如果失调，就会导致疾病发生。他还根据这4种体液把人的性格划分为4种：多血质性格、粘液质性格、胆汁质性格和忧郁质性格。他和他的学生们把自己的研究成果汇编成书，在公元前460年和公元前355年期间，逐步完成了一部医学著作——《希波克拉底文集》。这部著作被称为西方医学的经典，希波克拉底本人也被誉为古希腊“医学之父”。

但是，上述各国的医学理论大都随着时间的流逝而逐渐失去它原有的权威和魅力，逐渐被近代乃至现代医学理论所取代。其中，《希波克拉底文集》虽然可以和《黄帝内经》相媲美，但是有的研究者通过对这两部医学经典进行比较研究后发现，凡是《希波克拉底文集》中有的成果，《黄帝内经》都已经有了，而《黄帝内经》中有的成果，却是《希波克拉底文集》所没有的。《黄帝内经》比《希波克拉底文集》更系统、更科学，对现代医学研究及其实践，更具有普遍的指导意义，对世界医学事业所做出的贡献也更多。《希波克拉底文集》中的许多思想和方法，已经不被现代医学所沿用了，但《黄帝内经》中的理论却能经历历代的沧桑风雨而不衰落，反而越来越显示出它强大的生命力。

《黄帝内经》中的“经络假说”自它产生之日起，就受到世界其他国家医学家们的高度重视。7世纪，日本医学家们就来到中国学针灸技术；1677年，欧洲医学家瑞尼就写成了《论针灸术》一书，首次介绍中国的针灸治疗技术。

到了近代，世界各国医学家纷纷学习和研究“经络学说”。1774年，日本医学家杉田玄白翻译出版了荷兰医学著作《解体新书》，把中医的“经”与“神”和西方医学的“nerve”（意思是“神经”）一词相结合，创造了“神经”一词，达到了东西方医学术语的结合；19世纪，日本医学家石板宗哲曾，用西医理论研究“经络学说”，提出了“经是动脉，络是静脉”的观点；1810年，日本医学家小阪元佑在他的《经穴纂要》一书中，用西方解剖学理论来研究“五脏六腑学说”；1894年，大久保适在他的《针治新书》一书中，运用现代生理学理论研究针灸理论。

到了现代，我国的中医学开始走向欧美国家，正在“成为世界所通行的一门新的医学科学”。各国医学家、科学家纷纷从不同角度研究“经络学说”，取得了许多成果。

日本医学家柳谷素灵等人在20世纪40～50年代研究发现，如果用针去刺经穴，感觉就像通电一样不断地向前传导，从而发现了“经脉循环感应传导”现象；1950年，日本医学家中谷义雄在研究中发现，给人体通上直流电（不会电死人）以后，在人身上会出现26条“良导络”（能够导电的线路），这些线路与经脉循环运行的路线基本一致；1953年，德国医学家们发现了用电刺激穴位治疗疾病的方法。这样，国外医学家们从电学角度对经穴展开了研究。

一些国外医学家还从影像学对经脉进行了研究。1970年，法国医

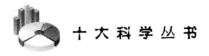

学家们用“热像图摄影方法”对人体经络分布的状况进行了研究；1976年，美国医学家用“液晶热像摄影方法”研究针刺医疗和经络分布状况。

罗马尼亚、法国等国的医学家们把一种名叫“锝”的放射性同位素注射到经脉的穴位里，让它随经脉运行，然后再用闪烁照相机跟踪监视锝元素的运行轨迹，从而可以观察经脉、络脉的运行轨迹。另外，国外医学家们还利用磁学原理研究经络，运用现代科学技术研究经脉与脏腑之间的相互关系。

总之，《黄帝内经》在世界医学领域中占有很重要的地位，各国医学家和科学家们纷纷运用现代科学技术研究“经络假说”。这表明，《黄帝内经》及其“经络假说”在国外已经产生了很大影响，它成为一种世界性的研究课题。

少年朋友们在了解《黄帝内经》尤其是它的“经络假说”以后，应当为我们的祖先能够在那个古老的年代里，创造出这样伟大的医学成果而感到骄傲和自豪，同时也应当看到，在《黄帝内经》中，特别是在“经络假说”中，还有许多问题值得进一步研究。

例如，经络现象虽然是客观存在的，但是产生经络现象尤其是经脉循环感应传导现象的原因是什么呢？产生经络现象的物质基础又是什么呢？经脉与脏腑虽然存在着密切关系，但是它们相互作用的规律及其联系途径又是什么？经脉、胳脉的循环运行路线虽然也是可以感觉到的，但是，如何用现代科学技术及其相关检测方法观察经脉、络脉的循环运行路线呢？等等。这些问题将等待少年朋友们去研究和探索。

随着改革开放的深入进行，《黄帝内经》及其“经络假说”将会继续受到各国科学家特别是医学家们的高度重视，他们正在掀起一场研究《黄帝内经》特别是“经络学说”的热潮。这对于广大少年朋友来说，是一次严峻的挑战，作为《黄帝内经》的继承人，少年朋友们一定要认真学习，刻苦钻研，用现代科技知识去学习、研究和发展《黄帝内经》的思想理论，让《黄帝内经》在你们中间发扬光大，让这朵奇葩变得更加绚丽多彩！

# 其他科学假说简介

## 一、数学假说

1.“悖论假说”，它是由古希腊哲学家芝诺（公元前496—公元前430）提出的。他提出了以下4种悖论：

（1）“二分说”。他认为一个物体从甲地永远不能到达乙地，此物根本不能运动。因为它要想从甲到乙，首先要通过道路的一半；但要通过这一半（1/2），必须通过道路的一半的一半（1/4）路程，而要通过这1/4路程，则又必须先通过1/8路程，这样分下去，永无止境。就是说，此物所运动的道路被无限分割阻碍着，永不能到达目的地。

（2）“阿基里斯追龟说”。他认为，阿基里斯（古希腊诗人荷马在他的史诗《伊里亚特》中颂扬的善跑英雄）与乌龟赛跑，他永远追不上乌龟。因为假设阿基里斯奔跑的速度是乌龟的10倍，乌龟在他前面100米处。当他跑了100米时，乌龟已经向前爬行了10米；当他再追10米时，乌龟又前进了1米；当他再追1米时，乌龟又前进了1/10米，这样，他与乌龟之间永远存在着一定的距离，所以他永远追不上乌龟。

（3）“飞箭静止说”。他认为，飞箭在运行过程中，在任何一个确定的时刻只能占据一个特定的空间位置，在这一瞬间它就静止在这个位置上，在另一瞬间他又静止在另一个位置上。也就是说，飞箭在运行中是通过在许多位置上静止实现的，飞箭在表面上看来是运动的，其实是静止的。

（4）“运动场假说”。他认为，一半时间和它的一倍相等。当物体通过一段距离时，只需要一半时间就够了。

芝诺的上述4个悖论假说都是错误的，但它给以后的学术界带来了很大的影响。

2. 毕达哥拉斯的“数学假说”。毕达哥拉斯是古希腊数学学派的创始人（后人称之为“毕达哥拉斯学派”）。他认为，“数”是世界万物的本原，“数就是宇宙万物固有之物质”，数既是空间的点，也是物质的微粒，万物是由“数”产生出来的。该假说虽然是错误的，但它促进了后人对数学的研究。

3. 柏拉图的“数学假说”。柏拉图是古希腊哲学家，他重视研究数学，试图用数学研究来取代对现实世界的研究。他把“数学概念”看成是“理念”，认为理念是“真正的实在”，感觉则是虚幻的东西，只有认识理念，研究数学，才能获得真理。该假说虽然不完全正确，但对后世产生了极大影响。

4. 亚里士多德的“数学假说”。他认为，数学概念是实在的物的性质，数学来自现实世界，数学是世界的本质，是必然的真理，研究数学就能弄清万物的本质及起源，就能发现真理。

5. 尼古拉的“数学假说”。尼古拉（Nicholas，1401—1464）是意大利科学家。他认为，数是事物的第一模型，没有数就不能创造任何东西，上帝通过数、量、度创造万物，数学是神学的工具。该假说是错误的。

6. 达·芬奇的“数学假说”。他认为，数学是真理的标志，“凡是不能运用一门数学科学的地方，凡是跟数学没有关系的地方，在那里科学也就没有任何可靠性”。该假说论述了数学在科学中的重要地位。

7. 开普勒的“数学假说”。他认为“数学关系表达了世界的本质，也是科学的对象”，世界上的一切东西都由数学比例来决定。他通过天文观测和数学思维，发现了“行星运行三大定律”，促进了近代天文学的发展，被后人誉为“天空法官”。

8. 伽利略的“数学假说”。他是近代实验数学方法的创始人之一。他认为，只有数学表述的，才是真实的，凡不能用数学来定量研究的领域，科学也就不能在那里获得发展。他运用数学方法，发现了“自由落体运动”等物理学规律。

9. 笛卡儿的“数学假说”。他认为，数学是原理可靠的唯一科学，数学所确定的基本原理，可以进一步演绎出其他原理，直至最后建立知识体系。

10. 霍布斯（T. Hobbes，1588—1679）的“数学假说”。霍布斯是英国科学家，他认为，通过“计算”这种“真实的推理”可以获得知识，加减计算就是推理和思维。该假说是错误的。

11. 莱布尼茨的“数学假说”。他认为，“全部算术和全部几何学都是天赋的，是实际存在于我们自身之中的”。这就是说，数学知识是先天存在的，只要我们发现到它，就能发现真理。

12. 牛顿的“数学假说”。他认为，世界是上帝用数学构造起来的。宇宙中的物体运动规律，都可以由数学原理推论出来。他用数学方法创立了力学三大定律和万有引力定律，建立了经典力学体系。

13. 休谟的“数学假说”。休谟是英国哲学家，他认为，数学是提供“观念的关系”的知识，它具有确定性的特点，人们不需要经验和观察，只凭思想就可以发现数学。该假说是错误的。

14. 康德的“数学假说”。他认为，数学知识具有普遍性和必然性，它不是来自于经验归纳，而是来自于一种“先天经验”，因此，数学命题是一种先天的综合判断。该假说是不正确的。

15. 三大学派的“数学假说”。它们是在20世纪初期建立起来的数学学派。其中“直觉主义”学派认为，数学概念是人们通过“直觉思维”这种创造活动获得的，数学思想是不依赖于语言而产生的。它突出了直觉在数学研究中的作用。“逻辑主义”学派认为，数学就是一种逻辑，就是纯形式的一种逻辑语言。“形式主义”学派认为，数学理论不是真正的理论，它只是一种“符号”形式，只是由像“棋子”这样的“符号”或对象组成的系统，从而否定了数学的客观性。这些假说虽然都是错误的，但他们都对数学的研究起到了促进作用。

16. 关于“数学对象”的假说。它包括以下 4 种假说：①认为数学以现实世界为研究对象，它研究的是物质运动的一般规律；②认为数学没有特定的研究对象，因为数学既不属于自然科学，也不属于社会科学；③认为恩格斯于 1878 年提出的“数学的对象是现实世界的空间形式和数量的关系”的观点已经不适合于现代数学的发展，它是一种过时的观点；④认为“数学的对象是结构”，例如，数学的对象是函数，是数学模型。这些假说各自都是不完善的，需要进一步丰富和发展。

17. “德扎格定理”。它是由数学家德扎格（G. Desargues，1591—1661）提出的。该定理的内容是，两个三角形对应顶点的联线共点，当且仅当其对应边的交点共线。它是全部射影几何的基本定理。

18. 欧几里得的“第五公设假说”。它是由古希腊数学家欧几里得（Euclid，约公元前 330—公元前 275）在他的《几何原本》一书中提出的。他认为：如果两条直线与第三条直线相交，那么，它们相交所成的两个同旁内角之和小于两直角。后人虽然对该假说进行了长期证明，但都没有获得证明结果。但是，俄国数学家罗马切夫斯基（1792—1856）和德国数学家黎曼（G. F. B. Riemann，1826—1866）在证明过程中，先后于 1829 年和 1854 年分别创立了“罗马切夫斯基几何学”（简称“罗氏几何学”）和“黎曼几何学”，建立了“非欧几何学”，发展了欧几里得几何学。

19.“射影几何定理”。它是由法国数学家布里昂雄（C. J. Brianchon，1783—1864）在他的“二次曲面论”一文中提出的。他认为，若一圆锥曲线的六条切线形成一外切六边形，则连接其相对顶点的三角线交于一点。

20.“现代集合论”。它是由德国数学家康托尔（G. Cantor，1845—1918）于1873年创立的。他把“集合”看成是若干确定的有区别的事物的整体，其中各事物称为集合的元素。他还提出了按一一对应规则区分无穷集大小的思想以及关于序数、基数的理论。

21.“罗素悖论”。它是由英国科学家伯特兰·罗素（B. Russell，1872—1970）于1901年在他的《数学的原理》一书中提出的。他指出，如果把所有集合分为两类：一类是不包含自身为其元素的集合，另一类是包含自身为其元素的集合，那么所有不属于自身的集合所组成的集合该属于哪一类？他还举例对此进行了解释：某村的理发师宣布，他只给本村所有不给自己刮脸的人刮脸，那么理发师是否给自己刮脸？为解决该问题，他于1908年又提出：集合本身不能作为它自身的元素，对待命题要区分，不能把不同命题等量齐观，所有命题都可化归为等价的O型命题。该假说对数学发展产生了很大影响，使得罗素成为当时“逻辑主义”学派的代表人物。

22.“比贝尔巴赫猜想”。它是由德国数学家比贝尔巴赫（L. Bieberbach，1886—1982）提出的。他指出，在单位圆内，单叶解析函数的系数 $|a_n| \leqslant n$ 对所有的 $n$ 都成立。该假说促进了数学的发展。

23.“克罗内克猜想”。它是由德国数学家克罗内克（L. Kronecher，1823—1891）于1857年提出的。他指出，用复数乘法可以得到虚二次域上的“阿贝尔扩张”。日本数学家高木贞治（1875—1960）于1920年通过研究证明了该猜想，并创立了类域论，他被誉为日本近代数学的开创者。

24.“角谷不动点定理”。它是由日本数学家角谷静夫提出的。他指出，假设 $K \subset R^n$ 是非空有界闭凸集，$F: K \rightarrow 2^k$ 是上半连续多值映射，使得对每个 $P \in K$，$F \subset P$ 都是 $K$ 的非空闭凸集，于是 $F$ 有不动点。

25.“阿蒂亚—辛格猜想”。它是由英国数学家阿蒂亚（M. F. Atiyah）和美国数学家辛格共同提出的。他们指出，椭圆型算子 $P$ 的性质是，它的核和余核都是有限维的，其维数之差 $\gamma$（$P$）叫做 $P$ 的解析指标；设 $E$、$F$ 是流形上的两个向量丛，（$P$）是一个与 $P$ 有关的向量丛同构，则 $E$、$F$（$P$）决定着 $P$ 的一个拓扑不变量，称之为 $P$ 的拓扑指标 $\tau$（$P$）。1963 年，他们二人证明了这个假说，从而使它上升为一个数学理论，被称之为“阿蒂亚—辛格指标定理”。

26.“萨尔科夫斯基假说”。它是由苏联数学家萨尔科夫斯基提出的。他指出，设 $f$ 是线段 $l$ 上的连续函数，且 $f$ 有 $m$ 一周期点。则当 $m \triangle n$ 时，$f$ 必有 $n$ 一周期点，其中，$m \triangle n$ 表示萨尔科夫斯基对自然数重新定义了一种顺序，在这个顺序中 $m$ 在 $n$ 之前。之后，他又证明了该假说，使之成为定理。

## 二、物理学假说

1.“光微粒假说”。它是由英国物理学家牛顿等人提出的。他们认为，光是由微粒组成的“粒子流”。他们用该假说解释了光的反射、折射、色散等现象。

2.“光波动假说”。它是由荷兰物理学家惠更斯等人提出的。他们认为，光是一种波。该假说反对“光微粒说”。

3.“单流体说”。它是由美国发明家富兰克林（B. Franklin，1706—1790）提出的。他认为，电是一种“流质”，电只能从正极流向负极，最后达到中性平衡。

4.“双流体说”。它是由物理学家辛麦等人提出的。他们认为，电是两种“流质”，一种是正电流质，另一种是负电流质。在带正电的物体内，正电流质多于负电流质；在带负电的物体内，正电流质少于负电流质；当物质呈中性时，它所含有的正、负电流质相等。该假说是错误的。

5.“分子电流假说”。它是由法国物理学家安培于1825年提出的。他认为，在磁性物质内的每个分子内部，都含有一个很小的圆形电流，从而使这个分子成为一个极小的“分子电磁体”。当物体未被磁化时，这些“分子电磁体”进行杂乱无章的运动；当它被磁化时，每个“分子电磁体”都向同一个方向运动，从而使整个物体带有磁性。

6.“热素假说”。它是由化学家布莱克（1728—1799）提出的。他认为，热是一种没有重量的流体，这种流体是“热素”。当热素渗透到物体里面时，就会使物体的温度升高；反之，则使它温度降低。该假说是不正确的。

7. “热的运动假说”。它是由法国物理学家卡诺（N. L. Sadi. Carnot，1796—1832）于1824年提出的。他认为，热是一种物理运动形式，它可以从高温向低温流动。该假说是正确的。

8.“宇宙热寂假说”。它是由德国物理学家克劳修斯（R. Clausius，1822—1888）于1867年提出的。他认为，热由高温处向低温处流动，最后使宇宙中的温度达到平衡状态（温度相等）。这时，宇宙处于极端混乱状态，熵（表示系统混乱程度的一个物理量）达到最大值，宇宙最后处于一种死寂的状态中。该假说是错误的。

9.“分子运动假说”。它是由物理学家伽桑狄（P. Gassendi，1592—1655）、胡克等人提出的。他们认为，热是分子运动的一种表现形式。

10.“质子—电子学说”。该假说认为，原子核由质子和电子组成。该假说是错误的，原子核由质子和中子组成。

11.“光的波粒二象性假说”。它是由爱因斯坦提出的。他认为，光既具有粒子性——光是一种“光量子”，又具有波动性——光是一种波，光具有波、粒两重属性。该假说消除了“光微粒说”和“光波动说”之间的长期对立。

12.“氢原子组成一切元素假说”。它是由英国医生普劳特（W. Prout，1785—1850）于1815年提出的。他认为，所有元素都是由氢原子组成的。该假说在当时没有被承认。到1914年，它又重新被提起，科学家们把氢原子核命名为质子。

13.“永动机不可能假说”。它是由德国物理学家赫尔姆霍茨（H. Helmholtz，1821—1894）提出的。他认为，能量守恒定律决定不可能造出永久不停的机械——永动机。

14.“运动假说”。它是古希腊哲学家和科学家亚里士多德提出的。他认为，机械运动包括天体运动和地面物体运动两大类，前者是圆周运动，既无开始，也无终结，是永恒的、完善的，它的动力来源于上帝；后者是直线运动，有始有终，是不完善的、被迫的，它的动力来源于它本身。该假说是错误的。

15.“颜色假说”。它是由古希腊哲学家亚里士多德提出的。他认为，颜色是人们的主观感觉，所有的颜色都是光明与黑暗、黑与白按比例混合的结果。白色光是通过大教堂的彩色玻璃之后变得五颜六色，就如同白色衣服被不同颜色染过一样，是光把透明介质物体的可见性变成现实。

16.“光的折射定律”。它是由荷兰光学家斯涅耳在实验中发现的。他认为，当光线由空气射人某种介质时，它的入射角的余割与折射角的余割之比是常数。后人把该定律称为“斯涅耳定律”。

17.“流体压强传递定律”。它是由物理学家帕斯卡于 1633 年在他的《论液体的平衡》一书中提出的。他认为，加在密闭流体任一部分的压强，必然按照原来的大小由流体向各个方向传递。

18.“自由落体运动定律”。它是由意大利物理学家伽利略于 1836 年在他的《关于力学和位置运动两门新科学的对话》一书中提出的。他认为，作自由下落的物体，它经过的距离与所需要的时间的平方成正比，用公式表示就是 $h=\frac{1}{2}gt^2$。

19.“分子运动假说”。它是由俄国物理学家罗蒙诺索夫在他的《关于热和冷的原因的探讨》等论文中提出的。他指出，热的根源在于运动，热是物质的运动，热现象就是物体“内”运动的表现，是物体分子运动的结果。该假说是正确的。

20.“电荷守恒定律”。它是由美国发明家富兰克林于 1752 年提出的。他认为，电荷既不能创生也不能消灭，只能从某一个带电体转移到另一个带电体，在电荷转移过程中，电荷的总量保持不变。该假说后来被证实，成为一个物理学定律。

21.“电流强度与电压成正比定律”。它是由德国物理学家欧姆(G. S. Ohm，1787—1854）于 1826 年在他的《金属导电定律的测定》一文中提出的。他指出，在电压一定的条件下，电流强度与导线的电阻成反比，与电压成正比。该假说已被证实，被称为“欧姆定律”。

22.“电磁感应定律”。它是由英国物理学家法拉第（M. Faraday，1791—1867）于 1831 年提出的。他指出，当线圈中的磁通量发生变化时，闭合电路会产生感应电流或感应电动势。该定律为建立电磁学理论打下了基础。

23.“粘滞阻力定律”。它是由英国物理学家斯托克斯(G. G. stokes，1819—1903）于 1846 年提出的。他指出：球形物体在粘滞流体中运动时所受的粘滞阻力与流体的粘滞系数、物体的运动速度和物体的半径成正比。

24. “电作用定律”。它是由德国物理学家韦伯（W. E. Weber，1804—1891）提出的。他指出，运动电荷之间的作用力既包含静电力，也包含动电力，这种作用力与它们之间的距离有关，而与他们运动的速度和加速度无关。

25. “可逆性佯谬假说”。它是由德国物理学家克劳修斯提出的。他指出，宏观的热传递只能从高温物体传向低温物体，是不可逆的；但是，微观分子运动却是无规则的高速直线运动，是可逆的。那么，为什么宏观热传递是不可逆的，而微观分子运动却是可逆的？这就是著名的“可逆性佯谬”。

26. “涡旋电场假说”。它是由英国科学家麦克斯韦在他的《论物理的力线》一文中提出的。他认为，在导线内存在着一种激发的电场，这种电场叫做“涡旋电场”，该电场具有涡旋性。他假定以环形涡流代表磁，它周围的粒子代表电，前进运动的粒子就是电流。当涡流转速发生变化时，涡流壁上就存在着一种有切向方向旋于粒子的冲力，这就是电动力。也就是说，磁通量的变化，将引起感生电动势。该假说现已被实验所证实。

27. “电磁波动假说”。它也是由麦克斯韦提出的。他认为，电磁波是一种横波，它的传播速度等于电量的电磁单位与静电单位之比，即等于空气或真空中的光速。他还认为，光是一种电磁波。该假说后来已被证实。

28. “光量子假说”。它是由爱因斯坦于1905年提出的。他认为，光是由一些互不相关的能量子组成的。当光量子与电子相碰撞时，它的能量就传递给单个电子。该假说是正确的。

29. “物质波假说”。它是由法国物理学家德布罗意（L. V. de Broglie，1892—1987）于1924年提出的。他认为，微观粒子是一种波——

“相波”（后人称之为“物质波”或“德布罗意波”），当它穿过小孔时，就会产生衍射现象。

30.“互补原理”。它是由丹麦物理学家玻尔提出的。他认为，宏观物体运动遵守因果决定规律，微观物体运动遵守统计概率规律。这两种规律是互补相辅的，是统一的。

31.“测不准原理”。它是由德国物理学家海森堡（W. K. Heisenberg，1901—1976）提出的。他认为，不可能同时准确确定电子的位置和速度。在量子力学中，粒子的位置与速度是不确定的。

32.“核子间交换力假说”。它是由德国物理学家海森堡于1932年提出的。他认为，中子与质子之间的相互作用，是通过交换某种粒子来实现的，这种力就是一种“交换力”。核子之间的相互作用力是一种交换力。该假说是正确的。日本物理学家汤川秀树通过研究发现，核子之间的相互作用，是通过一种“介子”来实现的。由此，他创立了“介子理论”，并荣获诺贝尔物理学奖。

33.“宇称不守恒理论”。它是由美籍华裔物理学家李政道和杨振宁于1956年提出的。在此之前，物理学家们曾提出了“宇称守恒定律”。“宇称”是表述基本粒子状态的波函数与它在镜像的波函数之间的对称性是奇还是偶的一个物理量。这个定律指出：由许多个粒子组成的体系，不论它们之间的相互作用发生什么变化，它的总宇称始终保持不变。李政道和杨振宁经过研究发现：在弱相互作用下，宇称是不守恒的。他们因此于1957年荣获诺贝尔物理学奖。该假说后来被美籍华裔物理学家吴健雄用实验证实。

34.“夸克模型”。它是由美国物理学家盖尔曼于1964年提出的。他认为，所有的强子都是由更基本的粒子——“夸克”组成的。夸克有三种类型，这三种夸克与它们的反夸克以各种不同的方式组合成各种不同的强子。夸克之间的相互作用是通过彼此交换“胶子”来实现的。盖尔曼因此于1969年荣获诺贝尔物理学奖。

35.“层子模型”。它是由中国科学家共同提出的。他们认为，基本粒子是由不同层次的更基本的粒子——层子与反层子组成的：介子由一个层子和一个反层子组成，重子由三个层子组成。

36.“壳层模型”。它是由美国物理学家迈耶夫人等人于1948年提出的。他们认为，原子核内的核子运动具有独立性，它在与其他核子共同产生的“平均自洽场”中作近似独立运动，核子之间的相互作用只对它的运动产生微小的干扰。他们因此于1963年荣获诺贝尔物理学奖。

## 三、化学假说

1.“燃素假说”。它是由德国化学家贝歇尔（J. J. Becher，1635—1682）和他的学生斯塔尔于1669年和1703年提出的。他们认为，一切可燃物都含有“燃素”。燃烧时，可燃物释放燃素，留下灰渣；燃素和灰渣结合又可复原为可燃物。燃烧是可燃物释放燃素的过程。该假说是错误的。

2.“氧化假说”。它是由法国化学家拉瓦锡（A. L. Lavoisier，1743—1794）于1777年在他的一篇题为“燃烧理论”的学术报告中提出的。他于1774年发现了氧气。他认为，燃烧不是可燃物释放燃素的过程，而是可燃物与氧相结合的过程。可燃物的重量在燃烧前后发生变化是氧造成的，与燃素无关。拉瓦锡通过该假说推翻了以往的“燃素假说”，掀起了一场化学革命。

3.“二元说”。它是由瑞典化学家贝采里乌斯于1811年提出的。他认为，盐被电流分解为碱和酸两部分，其中碱是电正性的氧化物，酸是电负性的氧化物。每个原子都带有正负两种电荷，氧是负电性最强的元素。

4.“基团假说”。它也是由贝采里乌斯提出的。拉瓦锡把含氧的有机物和无机物都叫做氧化物。其中，他把无机物中不含氧的部分叫“单基”，把有机物中不含氧的部分叫“复基”。贝采里乌斯继承了拉瓦锡的上述观点，把有机物分成两部分，一部分是氧，另一部分是不含氧的（复基）。他认为所有的有机物都是复基的氧化物，有机物的组成是二元的（一是氧，二是复基）。他把复基叫做“基团”。

5.“一元说”。它是由法国化学家罗朗（A. Laurent，1808—1853）于1836年提出的。他反对“电化二元说”，认为有机物在结构上是一个整体，是一元结构而不是二元结构，当它的一部分被其他元素取代时，它的结构和性质保持不变。该假说把有机物与无机物区分开来，是正确的，而“二元说”是错误的。

6.“原子价假说”。它是由德国化学家凯库勒（F. A. Kekule，1829—1896）于1857～1858年提出的。他们认为，与一个碳原子化合的元素的化学单位总数等于4，碳的原子数是4，即碳的原子价数目是4。此外，氢、氯、溴、钾是一价；氧、硫是二价；氮、磷、砷是三价。

7.“分子中原子相互影响假说”。它是由俄国化学家布特列罗夫（A. M. Бутπepob，1828—1886）等人提出的。他们认为，分子中各原子间的相互作用，不仅存在于直接相连的原子之间，而且还存在于间接相连的原子之间。在分子内，原子是按照一定顺序通过化学亲和力相互结合的，它形成了物质的化学结构，决定着物质的化学性质。该假说把化学性质和化学结构联系起来。

8.“电离假说”。它是由瑞典化学家阿累尼乌斯（S. Arrhenius，1859—1927）提出的。他认为，盐溶入水中就被离解成正负离子，溶液越稀，电解质的电离度越高，溶液导电能力也越强。该假说阐明了电解质溶液的性质，发展了溶液理论。

9.“伏打电堆生电原因的假说”。“伏打电堆”是由意大利化学家伏打（A. Volta，1745—1827）制成的。他把银板和锌板这两种不同的金属板浸入酸溶液中，能够产生电流。“伏打电堆”也叫“伏打电池”。关于伏打电堆生电的原因，有两种假说：一是“接触假说”，它由伏打提出。他认为，“伏打电堆”生电是由于两种不同金属相互接触产生的。二是“化学假说”，它由法拉第等人提出。他认为，“伏打电堆”生电必须有金属与溶液界面上伴随的化学反应，“化学作用就是电，电就是化学作用”。这两个假说曾经进行了长期争论，其中“接触假说”居于统治地位。

10.“微粒假说”。它是由英国化学家波义耳在他的《怀疑派化学家》一书中提出的。他认为，物体都是由数目众多的微粒构成，这些微粒结合成各种粒子团，粒子团聚合生成各种物体。粒子团的大小和形状以及运动决定着物体的各种物理和化学特性，粒子团作为基本单位参加各种化学反应。

11.“化学亲和力假说”。它是由法国药剂师日夫鲁瓦（E.F. Geoffroy，1672—1731）等人提出的。他们认为，当两种物质互相结合时，只要加进一种与这两种物质之一有亲和力的第三种物质，它就会与它们结合生成新物质，而把另一种物质离析出来。

12.“取代假说”。它是由法国化学家杜马（J. B. A. Dumas，1800—1884）于1834年提出的。他认为，氯、溴、碘等物质与含氢有机物相互作用时，它们就与有机物结合，把其中的氢取代下来。他把这种相互作用叫做“取代作用”。

13.“生命力假说”。该假说认为，动植物体具有一种生命力，只有依靠这种生命力，才能制造出有机物，有机物只能在动植物体内制造出来，人们只能合成无机物，不能合成有机物。该假说是错误的。1824年，德国化学家维勒用人工的方法合成了有机物——尿素。这说明，有机物也可以用人工制造出来。

14.“酸的氢学说”。它最先由英国化学家戴维等人提出，1833年，又由英国化学家格雷亨姆（T. Graham，1805—1869）等人建立。他们

认为，氢在酸中起着主导作用，酸的性质依赖于氢而不依赖于氧，从而正式建立了该假说。

15.“苯的结构假说”。它是由德国化学家凯库勒提出的。苯是英国化学家法拉第于 1825 年首先发现的。凯库勒认为，苯是由 6 个碳、氢原子之间通过单键、双键交替结成的封闭正六角形的链式结构。它的化学结构式是

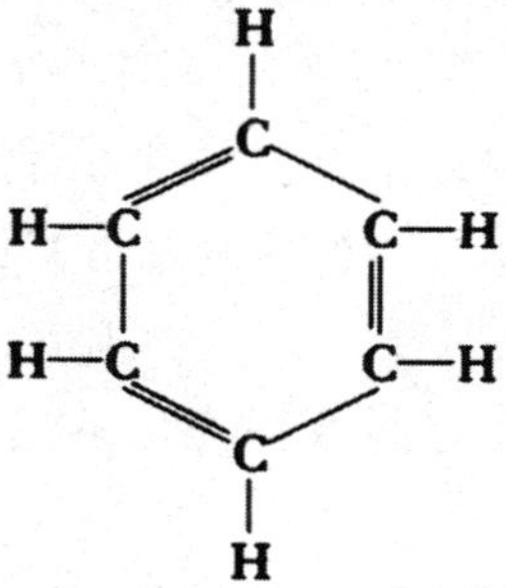

，

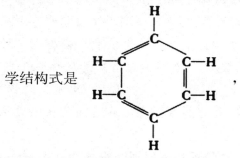

该假说促进了有机化学理论的发展。

16.“碳价键四面体构型与空间异构假说”。它是由荷兰化学家范霍夫（J. H. van’ t－Hoff，1852—1911）和法国化学家勒贝尔（J. A. Le

Bel，1847—1930）分别于1874年提出的。他们认为，碳原子的4个原子价键指向正四面体的四个顶点，碳原子本身居于四面体的中心；在有机化合物的分子中，如果含有一个不对称碳原子，就会有两个异构体，如果含有两个不对称碳原子，它的异构体数目将成倍地增加。

17.“张力假说”。它是由德国化学家拜耳尔（A. Von. Baeyer，1835—1917）于1885年提出的。他认为，在有机化合物中，碳原子位于正四面体中心，4个原子价从中心指向正四面体的4个顶点，各个价键之间成109°28′的角度，这是最稳定的结合状态，如果偏离这个角度，就会产生张力，偏离越多，张力也越大，分子的活性也越大。该假说只适用于五元环以内的有机化合物，而不适于六元环以上的碳环化合物。1890年，德国化学家萨赫斯（U. Sachse，1854—1911）又提出了“无张力环假说”。他认为，在环己烷中，碳原子不在同一平面上，形成了“无张力环”。该假说于1943年被挪威物理化学家哈塞尔（O. Hassel，1897—1981）用实验证实，从而发展了有机立体化学。

18.“络合物结构的配位假说”。它是由瑞士化学家维尔纳（A. Werner，1866—1919）提出的。他认为，在络合物中，金属离子居于中心，环绕金属离子中心的分子或离子叫“配位体”或“络合基”，它们的数目都是常数，叫“配位数”，它们与金属离子结合紧密，不易离解。它们被称为“内界”，用〔〕表示；〔〕以外的离子被称为“外界”。例如，在“络合物〔Co（$NH_3$）$_6$〕（$NO_2$）$_3$中，CO为中心离子，$NH_3$为配位体，配位数是6，〔Co（$NH_3$）$_6$〕为内界，$NO_2$为外界。1913年，维尔纳因在络合物化学研究方面取得杰出成就而荣获诺贝尔化学奖。

19.“阿培隆假说”。它是由古希腊哲学家阿那西克曼德（Anaxiniander，公元前610—公元前545）提出的。他认为，万物的本源是一种无限的混浊物——“阿培隆”，由它产生出万物。

20.“极微假说”。它是由古印度的“胜论派”提出的。他们认为，万物由地、水、风、火四大元素组成，这些元素又由“极微”组成。也就是说，“极微”构成元素，形成万物。“极微”与“原子”相当。因此，该假说可认为是古印度的原子论。

21.“六齐规则”。它是由中国古代学者在他们的《考工记》一书中提出的。他们认为，生产青铜器有6种不同的配方：①铜五锡一，即铜占83.3%，锡占16.7%；②铜四锡一，即铜占80%，锡占20%；③铜三锡一，即铜占75%，锡占25%；④铜二锡一，即铜占66.7%，锡占33.3%；⑤铜三锡二，即铜占60%，锡占40%；⑥铜与锡各一半。

22.“物质不灭假说”。它是由中国东汉哲学家王充（27—97）提出的。他认为，“天地不生，故不死；阴阳不生，故不死”，“无始终者乃长生不死”。该假说被以后的化学实验所证实，成为物质守恒定律。

23.“残基假说”。它是由法国化学家日拉尔（C. F. Gerhardt, 1816—1856）提出的。他认为，两个分子在反应过程中，每个分子都分离出一部分，它们相互化合成简单稳定的无机物（如水、氨等）。剩余的部分叫做“残基”，它们也相互化合生成新的稳定的有机物。该假说发展了杜马的“取代假说”，促进了化学结构理论的建立。

24.“霍夫曼法则”。它是由德国化学家霍夫曼（A. W. Hofmann, 1818—1892）于1851年提出的。他认为，在含有不同的伯烷基的季铵碱分解形成烯烃的反应里，若该季铵碱有乙基，则主要生成乙烯。

25. 元素分类的“八音律假说”。它是由英国化学家纽兰兹（J. A. R. Newlands, 1837—1898）于1866年提出的。他在把已知元素按原子量大小的顺序进行排列时发现，从任意一种元素起，每到第8个元素就和第1个元素的性质相近。他把这个规律叫做“八音律”。该假说遭到了当时化学家的反对。

26.“拉乌尔定律”。它是由法国化学家拉乌尔（F. M. Raoult,

1830—1901）于1888年提出的。他认为，在非电解质的稀溶液中，溶剂的蒸气压（P）等于纯溶剂的蒸气压（$P_0$）与该溶液中所含溶剂的克分子分数 $N_0$（溶剂克分子数与溶剂及溶质总克分子数的比数）的乘积：$P=P_0N_0$。与此同时，荷兰化学家范霍夫等人也提出了该定律，发展了溶液理论。

27."余价假说"。它是由德国化学家泰尔（F. K. J. Thiele，1865—1918）提出的。他认为，如果两个双键形成在相邻的两个碳原子上，那么，中间的余价就会相互作用而封闭起来，而外缘上的余价便显出更强的反应活性，容易接受氯等原子。在苯环中，由于所有余价都位于相邻的碳原子上，因此，他们可以相互接受封闭起来，从而增强了苯的化学稳定性。该假说促进了有机化学的发展。

28."蛋白质的多肽结构假说"。它是由德国化学家费歇尔（E .O. Fischer）提出的。他认为，蛋白质分子是由许多氨基酸以肽键结合而成的长链高分子化合物。两个氨基酸结合形成二肽，三个氨基酸结成三肽，多个氨基酸结成多肽，蛋白质是一种多肽化合物。

29."同位素假说"。它是由英国科学家索迪提出的。他认为，存在有不同原子量和放射性，但它们的物理和化学性质完全相同的化学元素变种。这些变种位于元素周期律中的同一位置上，它们互称同位素。该假说后来被证实。

30."泡利不相容原理"。它是由奥地利物理学家泡利于1924年提出的。他认为，在同一原子中，两个电子不能共处于同一量子状态。该假说被证实成为一种化学理论。

31."双电层假说"。它是由化学家史特仑（O. Steren，1888—1969）于1924年提出的。他认为，溶液中的电层由两部分构成，一部分固定在固体表面，另一部分分散到一定距离的溶液深处。该假说后来被证实。

32."糖的环状结构假说"。它是由英国化学家哈沃斯

（W. N. Haworth，1883—1950）提出的。他认为，糖的羰基和羟基可以形成半缩醛而成环状结构。他后来通过化学实验证实了该假说，发现大多数糖（如葡萄糖等）的环状结构都是六元环结构。

33.“分子轨道理论”。它是由美国化学家密立肯（R. S. Muliken）和德国化学家洪特提出的。他们认为，能量相近的原子轨道可以组合成分子轨道，分子中的电子总是在一定的分子轨道上运动，它们优先占据能量最低的分子轨道，并尽可能分占不同轨道，而且自旋平行。成键的原子轨道重叠越多，生成的键也就越稳定。该假说已被证实。

34.“玻璃的无规则网络假说”。它是由化学家查哈里阿生（W. H. Zachariasen）于1932年提出的。他认为，玻璃的结构可以是每个硅原子与周围四个氧原子组成的硅氧四面体，各四面体之间通过顶点互相连接成网络状，而且它们的排列也是无规则的。该假说已被X射线结构分析所证实。

35.“前线轨道”理论。它是由日本化学家福井谦一提出的。他认为，在分子轨道中，能量最高的占据轨道中的电子最活跃，最易失去；在所有空分子轨道中，能量最低的空轨道最易接受电子，这两种轨道是“前线轨道”。因此，在分子反应中，其前线轨道处于反应的前沿，最容易与试剂发生作用，在反应中起主导作用。所以，分子的活性位置是由前线轨道上各原子轨道的系数平方和决定的，而不是由原子的总电荷密度决定的。

36.“耗散结构理论”。它是由比利时科学家普利高津（I. R. Prigogine）于1969年在他的《结构、耗散与生命》一文中提出的。他认为，在宏观世界中，除了处于平衡条件下的稳定的有序结构以外，在接近平衡条件的不同情况下，还存在一种新的有序结构——“耗散结构”，从而把经典力学和统计热力学从只能处理平衡态的可逆过程推广到处理远离平衡态的不可逆过程。他因此于1977年荣获诺贝尔化学奖。

## 四、天文学假说

1.“恒星宇宙构造假说”。它是由瑞典学者施维登堡（E.Swedenberg，1688—1772）在他的《哲学和矿物学的体验》一书中提出的。他认为，我们能看见的恒星大多是银河系中的成员，它们组成一个完整的体系，但它在整个宇宙中不是惟一的体系，宇宙在空间上是无限的。

2.“半球形天穹笼罩半球形大地假说”。它是由新巴比王国的迦勒底人提出的。他们认为，大地是半球形的，天空是一个更大的半球，大地的四周是大洋，它载浮着大地。在天的东西两侧各有一扇门，太阳每天从东门升到天上，从西门落下。该假说是错误的。

3.“多重天层围绕圆柱形大地假说”。它是由古希腊哲学家阿那克西曼德提出的。他认为，大地是圆柱形的，人类住在圆柱体的上面。大地的外面被多层天层包围。最低层里面是空气和云，依此向外分别是恒星层、月亮层和太阳层，最外层是明亮的火焰层。该假说是错误的。

4.“天体和地球是球形假说”。它是由古希腊数学家毕达哥拉斯提出的。他认为，球形地球位于宇宙的中心，其周围是天空，太阳、行星围绕地球作匀速圆周运动。再往外是“奥林波斯”层，其中有恒星，最外层是天火。该假说是错误的。

5.“宇宙无限假说”。它是由中国古代哲学家惠施提出的的。他认为，宇宙包括一切空间和时间，两者都是没有止境的。

6.“日心地动说”。它最先是由古希腊天文学家阿利斯塔克（Aristarchus，公元前310—公元前230）提出的。他认为，太阳位于宇宙的中心，地球与其他行星围绕太阳进行圆周运动。该假说是后来哥白尼“日心说”的先声。中国古代科学家李斯也提出了类似的“地动说”。

7.“本轮均轮假说”。它是由古希腊阿波罗尼（Apollonius，约公元前260—公元前170）提出的。他认为，地球位于宇宙的中心，行星沿“本轮”作匀速圆周运动，而本轮的中心则又沿着“均轮”地球作匀速圆周运动。该假说是不正确的。

8.“彗尾指向背日假说”。它是由中国古代天文学家李淳提出的。他认为，彗星自身不发光，凭借日光的照射才发亮，其中彗星包括彗头与彗尾的部分，彗尾总是背向太阳，它离太阳越近就越长。

9.“宇宙无限与物质运动假说”。它是由中国古代天文学家柳宗元提出的。他认为，宇宙既无中心，也无边界。宇宙空间充满了阴阳二气，它们聚集与扩散、吸收与排斥，成为物质运动的动力。该假说是可取的。

10.“气聚散生成万物假说”。它是由中国古代哲学家张载（1020—1077）提出的。他认为，宇宙空间充满了气，气是不断运动的，它是生成万物的原始物质，它以聚、散的形式生成万物。该假说是可取的。

11.“地球自转的冲力假说”。它是由法国天文学家奥里斯姆提出的。他认为，地球每天都在自动转动，它是靠在创世纪时受到原始冲力开始自转的，此后将永远转动下去。该假说提出的地球自转观点是正确的，但它提出的地球靠原始冲力自转的观点则是错误的。

12.“地球长圆形假说”。它是由意大利天文学家卡西尼于1722年在他的《论地球的大小和形状》一书中提出的。当时，牛顿等人认为地球是扁圆形或椭圆形的，而卡西尼却反对这种观点。他认为，地球赤道半径小于它的极半径，地球是长圆形的。该假说是错误的。

13.“太阳结构假说”。它是由德国天文学家赫歇尔（F. W. Herschel，1738—1822）提出的。他认为，太阳内部是寒冷的固体球，它的外部被两层围绕，外层是大气层，内层像火炉壁一样将它与外层隔开。他还认为太阳上可能有生物。该假说是错误的。

14.“太阳引力收缩产能假说”。它是由德国天文学家亥姆霍茨（H. Von. Helmholtz，1821—1894）提出的。他认为，太阳辐射的能量来自于引力收缩，收缩时引力动能转变为热能。太阳从原始星云收缩到当前的体积产生的热量足以维持太阳现今的辐射达1800万年。该假说后来被否定。

15.“月球起源假说”。它是由英国科学家达尔文（G. H. Darwin，1845—1912）提出的。他认为，太阳对地球施加的潮汐力，引起地球本身不稳定，致使一部分地球物质分离而形成月球。该假说仍处于证实阶段。

16.“巨星和矮星假说”。它是由丹麦天文学家赫茨普龙（E. Hertzprung，1873—1967）提出的。他认为，恒星可分为高亮度的巨星和低亮度的矮星。

17.“恒星演化假说”。它是由美国天文学家亨利·诺里斯·罗素（H. N. Russell，1877—1957）提出的。他认为，恒星从巨星中产生出来，经过主星序，最后变为红矮星。

18.“太阳系起源于潮汐假说”。它是由英国科学家金斯提出的。他认为，在距今约20亿年以前，有一个质量比太阳大的恒星运行到太阳附近，使靠近恒星的太阳表面比反面隆起了更大的潮。它使太阳形如梨状，隆起部分在恒星的吸引下逐渐脱离太阳而变成朝向恒星的雪茄形长条，绕太阳旋转。后来长条内的气体逐渐凝聚成固态质点，再结合成行星。当行星经过近地点时，因太阳的潮汐作用而抛出物质，形成卫星。该假说后来被否定了。

19.“太阳系起源的电磁假说”。它是由瑞典天文学家阿尔文（H. O. Alfvén）提出的。他认为，太阳由一个星际电离气体云的一部分形成。在形成初期，星际电离气体云在星际磁场、电离气体云自身磁场以及太阳磁场的作用下，被集中到太阳附近。之后，这种电离气体云中的一部分离子和电子合成中性原子，并形成环绕太阳运行的星云，这种星云逐渐演化成行星系统和卫星系统。

20.“太阳系起源的原行星假说”。它是由美国天文学家柯伊伯（G. P. Kuiper，1905—1973）提出的。他认为，星云最先产生“原行星”，之后，太阳、行星便从中产生出来。

21.“脏雪球彗核假说”。它是由美国天文学家惠普提出的。他认为，彗核（彗星的内核）的形状像一个“脏雪球”，它的直径是1千米左右，其中有$CO_2$、CO、$NH_4$、$CH_4$以及重元素尘埃微粒。该假说在目前被认为是正确的。

22.“彗星云假说”。它是由荷兰天文学家奥尔特提出的。他认为，在太阳附近有一个由总数可达$10^7$～$10^{11}$个彗星组成的云，它被称为“彗星云”。后人又称该种星云为“奥尔特星云”。

23.“超密态假说”。它是由苏联天文学家阿姆巴楚米扬提出的。他认为，天体和宇宙都是从超密物质中起源的。恒星由超密态的星胎形成，星系则由超密物质爆炸产生。

24.“盘古开天辟地说”。它是由中国古代劳动人民创立的。该假说认为，天地最初融为一体，后由“盘古”神用神斧将其劈成两半，成为天和地。该假说是错误的。

25.“上帝神创说”。它来自《圣经》，认为宇宙万物最初是由上帝创造的。该假说是错误的。

26.“精气创造天地说”。它来自汉朝著作《淮南子》一书，该假说认为，宇宙最初由“精气”生成。

27.“原子创造天地说”。它是由古希腊哲学家德漠克利特创立的。他认为，宇宙是由原子生成的。

28.“以太创造宇宙说”。它是由古希腊哲学家亚里士多德提出的。他认为，宇宙最初由“以太”生成。

29.“地球中心说”。它是由古希腊天文学家托勒密于2世纪提出来的。他认为，地球是宇宙的中心，太阳和其他天体都围绕地球旋转。

30.“太阳中心说”。它是由波兰天文学家哥白尼提出来的。他认为，太阳是宇宙的中心，地球与其他天体都围绕太阳旋转。

31.“旋涡说”。它是由法国科学家笛卡尔于1644年提出的。他认为，太阳系是在旋转着的物质中产生出来的。此外，还有“盖天说”“浑天说”“灾变说”等。

关于太阳系的起源还有“星子假说”“潮汐假说”“新星假说”“浮获假说”“新星云假说”等。

## 五、地学假说

1.“陨星假说”。它是由苏联地球物理学家施密斯（W. Smith，1881—1956）提出的。他认为，当太阳在银河系中运动时，宇宙尘埃和粒子就被太阳吸引到它的周围，并聚集在一起，形成了地球和行星。该假说解释了地球的起源问题。

2.“隆起说”。它是由英国地质学家赫顿（Hutton，1726—1797）于1788年提出的。他认为，地壳的隆起和岩层的褶皱都是地下岩浆自下而上侵入而造成的。瑞士学者斯图德尔（B. Studer，1794—1887）也于1820年独立地提出了类似的假说。

3.“水分循环假说”。它是由中国古代学者在《吕氏春秋》一书中提出的。作者认为，“雨云”变成雨，雨降至地面，后入江河，江河入海洋，海水受热蒸发又变成“雨云”。通过这一循环途径，使水达到了循环往复，永不枯竭。该假说最先阐明了水循环运动规律。

4.“地球形成的冷却假说”。它是由德国学者莱布尼茨在他的《原始地球》一书中提出的。他认为，原始地球是发光的熔融球体，以后逐渐冷却形成地壳以及表面的褶皱；大洋由蒸汽冷却凝结而成；地表岩石由火成熔体冷却而成，或由水中沉淀而成。

5.“农业区位论假说”。它是由德国学者屠能（J. H. Thùnen，1783—1850）于1826年在他的《孤立国关于农业及国民经济关系》一书中提出的。他认为，以城市为中心，由内向外呈同心圆状分布6个农业地带：第一圈是自由农业地带；第二圈是林业带；第三圈至第五圈是农耕地带；第六圈是畜牧地带，除此以外，就是荒野地带。

6.“珊瑚礁沉降成因假说”。它是由英国生物学家达尔文提出的。他认为，岛屿在缓慢沉降时，珊瑚在岛的四周和顶部向上生长，它的速度与陆地下沉速度一致，以保障有充足的阳光和营养。

7.“石油有机成因假说”。它是由美国学者亨特（T. S. Hunt，1826—1892）提出的。他认为，含油层是有机物的堆积，这些有机物在石灰岩中分解后变成了石油。

8.“石油构造假说”。它是由美国地质学家纽伯瑞（J. S. Newberry，1822—1892）提出的。他认为，石油在结构上分为母源层、储油层和盖层。

9.“控制石油聚焦的背斜假说”。它是由美国地质学家怀特提出的。他认为，背斜的窟窿要相当大，这便于油与气活动，并可以储存。粗砂岩或裂隙较多的细砂岩以及上层有巨厚沥青页岩的地区有可能发现大油气藏。

10.“地貌形成的侵蚀轮回假说”。它是由美国地理学家戴维斯（W. M. Davis，1850—1934）于1889～1890年提出的。他认为，地貌形成与发展经历一个侵蚀轮回过程，它分为幼年期、壮年期和老年期。由于地球构造运动而由海底抬升的陆地，因受侵蚀形成高山、深谷、陡坡，到构造运动处于长期稳定，高山被蚀低，河谷变宽浅，陡坡变成缓坡，最终使整个大地形成微小起伏的平原地形，形成一个“准平原”。以上是一个侵蚀轮回。

11.“陆心假说”。它是由英国地理学家麦金德（H. J. Mackinder，1861—1947）于1904年在他的《历史的地理枢纽》报告中提出的。他认为，欧亚非大陆是一个“世界岛”，距离它最僻远的地方是“腹地”。他指出，谁统治东欧，谁就统治了大陆腹地；谁统治大陆腹地，谁就统治了世界岛；谁统治世界岛，谁就统治了世界。该假说在当时曾产生过很大影响。

12.“离极漂移力假说”。它是由匈牙利学者姚特佛斯（R. B. Eötrös，1848—1919）提出的。他认为，大陆在漂移中要受到“离极漂移力”的作用，它的方向是从极地指向赤道，使得大陆向赤道漂移。

13.“地槽迁移假说”。它是由美国地质学家葛利普（A. W. Grabau，1870—1946）首次提出的。他认为，自古生代以来，喜马拉雅——西瓦里克——印度河·恒河地槽依次形成，地槽有向南方冈瓦纳大陆迁移的趋向。

14.“气旋风暴的极锋假说”。它是由挪威科学家皮耶克尼斯（V. F. K. Bjerknes，1862—1951）于1919年在他的《移动性气旋的结构》一文中提出的。他把温带气旋风暴分为冷锋、暖锋和锢囚锋等不同类型，为现代气象学和天气预报奠定了理论基础。

15.“脉动假说”。它是由美国地质学家布契尔（W. H. Bucher，1888—1965）提出的。他认为，地球的发展是收缩和膨胀周期性的交替过程。在膨胀期，地球呈球形，地壳受拉张作用，产生大规模的隆起和凹陷，并产生大型裂谷，有大量岩浆喷发；在收缩期，地球呈四面体形状，地壳在挤压作用下产生褶皱山系，并伴有岩浆活动。

16.“多旋回构造运动假说”。它是由中国学者黄汲清于1945年在他的《中国地质构造单位》一书中提出的。他认为，地槽系从发生、发展到结束，要经历多次造山运动，才逐步转为褶皱系。褶皱系形成后，地壳仍有剧烈运动。他把大地构造单元的演化分为前寒武纪、加里东、华力西、印支、燕山、喜马拉雅几个大旋回，并提出特提斯—喜马拉雅型、滨太平洋型、古亚洲型这三大类型构造的形成是由于大陆与大陆、大陆与大洋相互强烈作用的结果。当板块构造理论传入到中国以后，他又结合“槽台假说”“多旋回假说”，提出了板块的“多旋回开合运动”和“手风琴式运动”的概念，使“多旋回假说”达到了新的高度。

17.“泛地台假说”。它是由苏联地质学家A. B. 裴伟和B. M. 西尼村提出的。他们认为，在前寒武纪末期，地球表面存在着一个“泛地台”，古生代地槽的形成是由于泛地台崩解的结果。他们还把地槽分为原生地槽、次生地槽和残余地槽三种类型。

18.“地洼假说”。它是由中国学者陈国达于1965年提出的。他认为，在大陆地壳演化史上，继地槽区、地台区以后，还有一个“地洼区”。它是一种活动区型的构造单元。在这个区域，各种构造运动、岩浆、变质等作用强烈，从而使先成矿受到改造，造成“多因复成矿床”。以后，他又提出了“地幔蠕动热能聚散交替假说”。认为在地慢蠕动、热能聚散交替的作用下，以及地幔应力场的影响下，地壳各块体相对运动，便会产生各种方向相应的构造，产生大地构造分区和属性差异现象。

19.“波浪状镶嵌构造假说”。它是由中国学者张伯声于1962年在他的《镶嵌的地壳》一文中提出的。他认为，整个地壳的构造是由不同级别的剧烈运动着的构造带和被构造带所分割的不同级别的相对稳定的地壳块体结合而成的一级套一级的镶嵌构造。在同一地应力场的作用下所形成的构造面呈有规律的定向排列，构造带和夹在其间的地块相间分布，形成地壳波浪。同一地壳波浪系统的同级相邻构造带或结构面之间具有等间距性。不同方向的地壳波浪交织成网，规定着其间地块的形状和排列方式。这种格局被称为波浪状镶嵌构造。

20.“海底磁异常条带假说”。它是由英国地质学家F.J.凡因等人提出的。他们认为，在太平洋和大西洋都发现的南北走向的磁异常条带，是海底扩张和磁极倒转联合作用的结果。

此外还有“水造山假说”“海陆变迁假说”“水成说”“火成说”“隆起火山口假说”“渐变假说”“收缩假说”“均衡假说”“对流假说”“膨胀假说”“地槽—地台假说”等。

## 六、生物学假说

1.“泛生说”。它是由古希腊哲学家德谟克利特等人提出的。该假说认为，生殖物质来自身体的每个部分，男人与女人都由生殖物质生成。该假说是错误的。

2.“性别决定说”。它包括“热力说”和“左右说”两种。前者认为，生男生女由生殖物质和子宫的温度高低来决定；后者认为，生男生女由身体的左右两侧位置来决定。该假说是错误的。

3.“血液肺循环说”。它是由西班牙生物学家塞尔维特（Miguel Serveto，1511—1553）在他的《论基督教的复兴》（1553年出版）一书中提出的。他认为，血液从右心室出发，通过肺动脉进入肺，吸收空气排出废物，再通过肺静脉流入左心房，完成肺循环。他通过该假说抨击了宗教神学的反动理论，并因此而被残害致死。该假说是正确的。

4.“血液体循环说”。它是由英国生物学家哈维（W. Harvey，1578—1657）在他的《心血运动论》（1628年出版）一书中提出的。他认为，血液从左心室输出经过动脉到达全身，然后再沿静脉回到心脏，在动脉和静脉之间有微小通道相连，使血液运行形成循环。他被后人誉为“近代生理学之父”。该假说在以后被证明是正确的。

5.“物种不变说”。它是由瑞典生物分类学家林奈（C. V. Linné，1707—1778）在他的《自然系统》（1735年出版）一书中提出的。他认为：“现有的种类和开始创造时一样，一个不增，一个不减。”以后，他又承认物种可变。该假说被生物进化论否定了。

6.“生物进化说”。它是由法国生物学家拉马克（J. B. Lamarck，1744—1829）在他的《动物哲学》（1809年出版）一书中提出的。他认为，环境的改变能引起生物的变异，环境的多样性是生物多样性的主要原因；动物经常使用的器官就发达，不使用的就退化（即“用进废退”），生物发生的变异性状是可以遗传给下一代的（即“获得性遗传”）；生物进化是按照等级进行的。该假说被以后的达尔文进化论所发展。

7.“动物电假说”。它是由意大利解剖学家伽伐尼（L. Galvani，1737—1798）于1780年提出的。当时，他在解剖青蛙时偶然发现，当用电流刺激青蛙肌肉神经时，就会引起肌肉收缩，从而发现了神经传导电现象。由此他认为，动物体内有电性，并把这种电叫做“动物电”。他还发明了一种电流计，可测出动物体内的电流量。

8.“细胞学说”。它是由德国植物学家施莱登（M. J. Schleiden，1804—1881）和动物学家施旺（T. Schwann，1810—1882）于1838～1839年共同创立的。他们认为，所有的动物、植物都是由细胞构成的，细胞是生物的基本结构单位。

9.“动物起源的预成假说”。它又分为“精源论假说”和“卵源论假说”。前者认为，动物的雏形预先存在于精子中，以后发育成个体；后者认为，动物的雏形预先存在于卵中，以后发育成个体。该假说是错误的。

10.“动物起源的渐成论假说”。亚里士多德和哈维等人都赞同该假说。他们认为，“一切生命来自卵”，动物是由卵逐渐发育而成的。德国胚胎学家沃尔夫（K. F. Wolff，1733—1794）和贝尔（Baer，1792—1876）都支持该假说。

11.“动物发育的镶嵌学说”。它是由德国解剖学家鲁（W. Roux，1850—1924）于1885年提出的。他认为，细胞分裂时，细胞中的遗传颗粒不均等地被分配到多细胞的胚胎内，使得两个子细胞都含有不同的遗传潜能，最后使一类细胞只表现出一种主要遗传特性，形成特异的组织类型。该假说是错误的。

12.“自然发生说”。它认为，生命可以从无生命物质中自然产生出来。该假说后被法国微生物学家巴斯德（L. Pasteur，1822—1895）用实验证明是错误的。

13.“细菌病原说”。它是由法国微生物学家巴斯德于1854年创立的。他认为，食物腐败的原因是微生物活动的结果，细菌是生物发病的根源。该假说是正确的。

14.“病原特异性学说”。它是由德国微生物学家科赫（R. Koch，1843—1910）于1884年在他的《结核病病源学》一书中提出的。他认为，确定病原体应遵守以下原则：①病原体与疾病有关；②病原体可以从患病动物身上分离出来并进行纯培养；③将病原体注射到健康动物体内，会出现特有的病症；④病原体还可以从第二寄主身上分离出来。这个原则被后人称为“科赫准则”，科赫也因此而于1905年荣获诺贝尔生理学医学奖。

15.“自然选择学说”。它是由英国生物学家达尔文于1859年在他的《物种起源》（1859年出版）一书中提出的。他认为，生物是进化而来的；所有生物都有一个共同祖先；生活条件的改变会使生物发生变异；生物物种是通过自然选择而产生的，自然选择是通过生存斗争实现的，适者生存，优胜劣汰，这是生物进化的基本规律。他以此创立了生物进化论。与达尔文同时创立进化论的还有英国博物学家华莱士（A. R. Wallace，1823—1913）。

16.“人猿同祖说”。它是由英国生物学家赫胥黎在他的《人类在自然界的位置》一书中提出的。他认为，人类和类人猿是由同一祖先分化而成的。该假说是正确的。

17.“生物发育重演说”。它是由德国博物学家海克尔提出的。他认为，“个体发育史是系统发育史的简单而迅速的重演”。

18.“细胞来自细胞说”。它是由德国病理学家微耳和（R. Virchow，1821—1902）于1855年提出的。他认为，细胞是由细胞分裂而成的。

19.“孟德尔遗传学说”。它是由奥地利植物遗传学家孟德尔（G. J. Mendel，1822—1884）于1865年提出的。他认为，一对性状因子在遗传过程中可以相互分离；两对性状因子在遗传过程中也可以分开，各自独立进行传递。后人把该假说又称为“孟德尔遗传定律”。

20.“种质连续遗传说”。它是由德国动物学家魏斯曼（A. Weismann，1834—1914）于1892年提出的。他认为，生物体由“种质”和“体质”组成，遗传由种质完成，而与体质无关，生物遗传是种质连续的过程。该假说发展了达尔文进化论。

21.“生物突变学说”。它是由荷兰生物学家德弗里斯（H. Devries，1848—1935）于1903年在他的《突变学说》一书中提出的。他认为，新的生物物种是通过突变产生出来的，突变是周期性出现的。该假说对研究生物变异问题起到了促进作用。

22.“遗传因子假说”。它是由奥地利植物遗传学家孟德尔提出的。他把含有代表植物性状的成分叫做“因子”，并在此基础上提出了“孟德尔遗传定律”。

23.“基因学说”。它是由美国遗传学家摩尔根（T. H. Morgan，1866—1945）在他的《基因论》（1926年出版）一书中提出的。他把决定性状遗传的因子叫做“基因”，认为基因是染色体上独立的遗传单位，呈直线排列，决定性状的基因与决定性别的基因连在一起（即“基因连锁”）。他在此基础上创立了“连锁与互换遗传定律”，并于1933年荣获诺贝尔生理学医学奖。

24.“一个基因一个酶假说”。它是由美国生物学家比德尔（G. W. Beadlle）和泰特姆（E. L. Tatum，1909—1975）于1940年提出的。他们认为，一个基因控制一个酶，基因突变会影响酶的生成，从而影响生物正常的新陈代谢。他们因此而于1958年荣获诺贝尔生理学医学奖。

25.“操纵子学说”。它是由法国生物学家雅各布（F. Jacob）和莫诺（J. Monod）于1961年提出的。他们认为，在细菌中酶的合成将受到“操纵子”的调控。操纵子由结构基因、调节基因和操纵基因组成。其中，结构基因决定着蛋白质分子组成；调节基因和操纵基因则控制蛋白质的合成速度；操纵基因可以控制结构基因。他们因此而与乐沃夫（A. Lwoff）一起于1965年荣获诺贝尔生理学医学奖。

26.“连接物假说”。它是由英国物理学家克里克于1956年提出的。他认为，在合成蛋白质过程中，每种氨基酸将通过一种特殊的连接物分子来识别核苷酸的序列，把氨基酸连接成蛋白质。1957年，美国生物化学家霍格兰在研究中发现，这种连接物分子就是“转移RNA”分子（即tRNA）。

27.“摆动假说”。它也是由英国物理学家克里克于1966年提出的。他认为，只有密码子（mRNA）和反密码子（tRNA）的前面两个碱基通过标准的碱基配对关系相互识别，而第三个碱基之间则允许有一定的差别。他把这种差别叫做“摆动”。

28.“线粒体功能假说”。它包括三种假说：①“化学说”。它由德国化学家斯莱特于1953年提出。他认为，在电子传递中，由化学能直接转换合成三磷酸腺苷（ATP）。②“构象假说”。它由博耶和格林于1964年提出。他们认为，在电子传递中，蛋白质构象的变化是ATP生成的动力。③“化学渗透假说”，它由英国生物学家米切尔提出。他认为，在氧化磷酸化过程中，ATP的生成是由于线粒体内膜上各向异性ATP酶的逆反应的结果。

29.“生物反射假说”。它是由俄国生理学家巴甫洛夫（1849—1936）等人于1903年在西班牙马德里国际医学会议上提出的。他们认为，生物的生理活动是一种反射活动。这种反射活动分为非条件反射活动和条件反射活动两种类型。前者是生物生来固有的；后者是在后天生活中逐渐形成的。例如，狗吃食物时分泌唾液的活动是非条件反射活动；但在喂狗时给予它灯光或铃声刺激，经过多次这样的训练，单独给予狗灯光或铃声刺激时，狗也能分泌唾液，这种活动就是条件反射活动。巴甫洛夫因此而于1902年荣获诺贝尔生理学医学奖。

30. 生物进化的“突变—选择—隔离假说”。它是由俄国著名生物学家杜布赞斯基（Th. Dobzhansky，1900—1975）在他的《遗传学和物种起源》（1937年出版）一书中提出的。他认为，突变、选择、隔离是物种形成和生物进化中的三个基本环节。生物发生突变后便产生新的性状，该性状经过自然选择后，如果被保留下来，就逐渐巩固下来，最后与其他同类旧物种生物之间形成生殖隔离（杂交后不能产生后代），形成新的生物物种，促进生物的进化与发展。他在该假说的基础上，创立了“综合进化论”，发展了达尔文进化论。

31.“中性突变假说”。它是由日本群体遗传学家木村资生于1968年最先提出的。1969年，美国生物学家金（J. L. King）和朱克斯（T. H. Jukes）也提出了类似的假说——“非达尔文进化说”。他们认为，在分子水平上，生物进化不遵守达尔文进化论，发生突变的基因并不都是那些或使生物生存、或使生物死亡的或有利、有害的基因。而大都是对生物生存既无利、也无害的“中性”基因。这些中性基因不受自然选择的作用和影响，而是在群体中发生“遗传漂变”（在生物群体中通过生殖作用而进行漂移、变异），并在这个过程中得到积累和固定，最后进化成新物种。在分子水平上，生物进化不受外界环境的影响，不受自然选择作用，只依靠生物体内“中性”基因的遗传漂变随机进行。人们把该假说称为“非达尔文主义假说”，是达尔文进化论的补充与发展。

32.“生物进化直生说”。它是由法国生物学家居诺（L. Cuenot，1866—1951）等人提出的。他们认为，生物进化不受环境因素影响，与自然选择无关，仅由其内在因素决定，它是按照直线式的方向进化发展的，是不可逆的。

33.“生物进化骤变说”。它是由生物学家莫泊丢（P. Maupertuis，1698—1759）等人提出的。他们反对达尔文的渐变说，认为生物不是通过渐变产生的，而是通过骤变、急变产生的。德弗里斯在该假说基础上，又经过系统研究，创立了“突变说”。

34.“遗传载体假说”。它是由美国细胞学家萨通（W. Sutton，1877—1916）和德国细胞学家鲍维里（T. Boveri，1862—1915）于1903年提出的。他们认为，受精卵中的一半染色体来自母体，另一半则来自父体，染色体是遗传物质的主要载体，基因位于染色体上。

35.“染色体结构假说”。它包括4种假说：①“泡沫假说”。它由英国化学家奥弗顿（C. E. Overton，1865—1933）等人提出，认为染色体是含海绵状或网眼状液泡的结构。②“圆筒结构说”。它由生物学家舒斯托（Schustow）等人提出，认为染色体是一种均质的圆筒结构。③“颗粒结构说”。它由生物学家巴尔比安（E. G. Balbiani）等人提出，认为染色体是由容易着色的颗粒状染色粒组成。④“螺旋结构说”。它由生物学家考夫曼等人提出，认为染色体是一种螺旋结构。

36.“蛋白质结构假说”。它是由美国化学家鲍林（I. C. Pauling）等人提出的。他们认为，α角蛋白质的结构是一种螺旋结构。

37.“群落演替顶极假说”。它是由美国植物生态学家克莱门茨（F. Clements，1874—1945）等人于1916年在他的《植物的演替》（1916年出版）一书中提出的。他们创立了群落生态学。

38.“神经传导的钠离子假说”。它是由英国生物物理学家霍奇金（A. L. Hodgkin）等人于1949年提出的。他们认为，动物神经细胞膜上的动作电位的大小与细胞中的钠离子含量多少成正比，动作电位的产生主要是由“钾膜”突然转变为“钠膜”，然后又迅速恢复为“钾膜”。

39.“酶的催化作用机理假说”。它包括3种假说：①“中间产物假说”。它由生物学家卢盖（G. Lunge）等人提出，认为酶在催化某种化学反应过程中，首先与某一底物结合，生成不稳定的中间产物，然后再分解该产物，释放出酶，从而使反应迅速进行。②“活性中心假说”。它由生物学家诺思罗普提出，认为酶内部有一个活性中心，它参与催化反应过程。③“诱导契合假说”。它主张，在酶和底物结合过程中，酶分子发生构象变化，诱导底物的结构也发生变化，然后，二者相互契合、相互作用，完成催化反应过程。

40.“呼吸假说”。它是由古希腊哲学家恩培多克勒于公元前5世纪提出的。他认为，心脏是人体的中心，人的思想是从血液运动中产生的。当血液流过并离开皮肤时，空气便经由皮肤表面的无数小孔进入身体；当血液流向皮肤时，空气便通过这些气孔排出体外。该假说首次把呼吸与血液循环联系起来。

41.“物生自类本种假说”。它是由中国汉代哲学家王充于1世纪提出的。他认为，各种生物都能相当稳定地将本种生物的性状传递给后代。该假说是正确的。

42.“气种假说”。它是由中国明代学者王廷相提出的。他认为，“气种”是生物重要的遗传物质基础，它使得生物能将其性状遗传下来。

43.“祖先遗传假说”。它是由英国生物学家高尔顿（F. Galton，1822—1911）于1876年在他的《一个遗传学说》一文中提出的。他认为，每个人从他的父母处分别接受一半遗传物质，从他的祖父和祖母处分别接受1/4的遗传物质，祖先的遗传物质每一世代都减少一半。该假说也被称为“子代退行定律”。

44.“维生素假说”。它是由英国生物化学家霍普金斯(F. G. Hopkins，1861—1947）于1912年提出的。他认为，维生素是生物生长发育所必需的微量有机物质。他因此与荷兰病理学家艾克曼于1929年共获诺贝尔生理学奖。

45.“定向进化假说”。它是由美国古生物学家奥斯本于1917年在他的《生物的起源与进化》一书中提出的。他认为，生物有一种内在的遗传动力促使生物按一定的方向进化并逐渐完善。该假说后来被否定了。

46.“蛋白质变性假说”。它是由中国生物化学家吴宪于1931年提出的。他认为，蛋白质分子除有氨基酸的肽键以外，还有其他形式使链间横向相联的键。这些键是很不稳定的，当这些键发生断裂，使蛋白质结构变为松散时，就发生了蛋白质变性。

47.“尿素循环假说”。它是由英籍德裔生物化学家克雷布斯（H. A. Krebs，1900—1981）于1932年提出的。他认为，蛋白质在代谢过程中，它所释放的氨可以在生物体内转变成尿素后随尿排出体外，从而解除了氨对生物体的毒害。他在此基础上，于1937年提出了三羧酸循环理论。

48.“四核苷酸假说”。它是由美国生物化学家列文（P. Levene，1869—1940）于1934年提出的。他认为，核酸分子是由4种核苷酸联结而成的。他后来发现了核酸中含有核糖与脱氧核糖两种类型的糖。后人在此基础上把核酸分为核糖核酸（RNA）和脱氧核糖核酸（DNA）。不过，他的“四核苷酸假说”后来被否定了，但他发现的核糖与脱氧核糖是正确的。

49.“活动基因假说”。它是由美国女遗传学家麦·克林托克（B. Me Clintook）于1951年在她的《染色体结构与基因表达》一文中提出的。她认为，基因是可以移动的，它不仅可以从染色体的一个位置移至另一位置，而且还能从一条染色体跳到另一条染色体上，从而对被控基因的表达产生了影响。该假说被实验所证实，她也因此于1983年荣获诺贝尔生理学医学奖。

50.“获得性免疫耐受性假说”。它是由澳大利亚免疫学家伯内特（F. M. Burnet）于1949年提出的。他认为，机体对异物的免疫性是后天逐渐获得的；在胚胎及初生时，机体细胞逐渐获得识别自身的组织物质以及异体细胞和不需要的细胞的能力。1953年，英国动物学家梅达沃（P. B. Mesawar）用实验证实了该假说。他们于1960年同获诺贝尔生理学医学奖。

51.“一个基因一个多肽假说”。它是由美国遗传学家英格拉姆（V. Ingram）于1957年提出的。他认为，一个基因发生突变，就会导致一个多肽发生变异。该假说弄清了“分子遗传病”的发生机制，修正了以往“一个基因一个酶假说”，为蛋白质合成的中心法则的建立打下了基础。

关于生命起源假说还有“气源假说”“道源假说”“自然发生说”“生命源于生物假说”“生命来自陨石传播和宇宙胚种假说”等。

## 七、农学假说

1.“粪药假说”。它是由中国学者王祯等人提出的。他们认为，施肥好像看病用药一样，要根据不同的土壤，施用不同的肥料，即要因土施肥。如果施肥用量过度，就会造成烧苗。这是中国最早形成的合理施肥思想。

2.“一切财富都是来源于土地的耕种”假说。它是由法国古典经济学创始人、重农学派先驱布阿吉尔贝尔（Pierre Le Pesant Siewr de Boisguillebert，1646—1714）在他的《谷物论》一书中提出的。他认为，要重视农业，主张经济自由。他主张，小麦价格能直接影响到肥料施用量和播种面积的变化。他的重农思想后来发展为完整的农学体系。

3.“土是植物唯一养分假说”。它是由英国农学家伍德沃德（J. Woodward，1665—1728）提出的。他认为，植物生长的要素是泥土而不是水，土是植物唯一的营养成分。该假说是不完善的。

4.“土壤微粒假说”。它是由英国学者特尔（J. Tull，1674—1741）在他的《马拉农法》一书中提出的。他认为，植物的营养物除硝酸钠之外，还有水、空气、火和土，而真正的营养物只有土，其他物质只起到帮助摄食的作用。他主张要对土壤进行细致耕耘，反对施肥，认为耕耘就是施肥。

5.“腐殖质营养假说”。它是由德国学者泰伊尔（A. Thaer，1752—1828）于1809年在他的《合理的农业原理》一书中提出的。他认为，腐殖质是土壤中植物养分的唯一来源，它决定着土壤的肥力，是生命的产物和条件，没有它就没有生命。该假说在以后被“矿质营养假说”和“营养元素归还假说”所取代。这两个假说是由德国学者李比希（J. Von Liebig，1803—1873）提出的。他认为，植物原始的养分只能是矿物质而不是腐殖质，植物以不同方式从土壤中吸收矿质养分。因此，为了保持土壤肥沃，必须把植物取走的矿质养分和氮素以肥料的形式还给土壤。

6.“营养级间转移假说”。它是由动物学家塞默珀（K. Semper）于1881年提出的。他论述了食物链和数量金字塔思想，认为在食物链中各营养级间的营养转移率为10%。

7.“收获渐减假说”。它是由德国学者密希利斯（A. Mitscherlich）于1905年提出的。在此之前，德国化学家李比希提出了“最小养分假说”。他指出，植物的生长量随着最小量养分因素的增减而增减产量。密希利斯认为，投入要素量和产量的关系是对数曲线。

8.“多基因遗传假说”。它是由瑞典学者尼尔松—埃赫勒（H. Nilssen－Ehle）于1908年提出的。他认为，数量性状由许多独立的传递基因组成一个多基因组，形成一个累加性状。但每一个单独的基因的效果却很有限。

9.“遗传显性假说”。它是由生物学家布鲁斯（A. V. Bruce）于1910年提出的。他认为，当两个不同纯合基因型的亲本杂交时，在杂种第一代个体内，来自一个亲本的隐性基因的有害作用被另一亲本的等位显性有利基因所掩盖，使得它们的后代只表现出显性基因的性状，从而产生出杂种优势。

10.“单元演替顶极假说”。它是由美国生态学家克莱门茨于1916

年提出的。他认为，在同一气候区内，所有植物群落如果任其长期自然发展，最后将出现同一的顶极群落。

11.“森林分子假说”。它是由苏联学者特烈季亚科夫于 1927 年提出的。他认为，“森林分子”是指在同一立地条件下生长发育起来的同一树种、同一年龄世代和同一起源的林木。把森林划分为森林分子，有助于研究复杂森林结构规律。

12.“激素假说”。它是由苏联学者柴拉希扬于 1937 年提出的。他认为，植物的开花是受“赤霉素”和“成花素”来控制的。

13.“多元演替顶极假说”。它是由英国学者坦斯利（A. G. Tansley，1871—1955）于 1939 年提出的。他认为，在一个气候区内可出现气候演替顶极土壤演替顶极、地形演替顶极等多元演替顶极，它们都是稳定的，并不趋于同一气候顶极。

# 八、医学假说

1.“六气致病假说”。它是由中国古代医学家于公元前541年提出的。他认为，阴、阳、风、雨、晦、明这“六气”太过度可导致疾病：“阴气”太过可导致寒性疾病；“阳气”太过可导致热性疾病；“风气”太过可导致四肢疾病；“雨气”太过可导致肠胃疾病；“晦气”太过可导致内热蛊惑病；“明气”太过可导致精神神经病。这是中国最早的病因假说，为后世病因学的发展打下了基础。

2.“四体液假说”。它是由古希腊名医希波克拉底提出的。他认为，人体有四种体液：血液、粘液、黄胆汁和黑胆汁，这四种体液的冷、热、干、湿程度各有不同，它们配合适当可使人体健康，否则导致疾病。该假说对后人产生很大影响。

3.“病三因假说”。它是由中国古代医书《伤寒杂病论》的作者提出的。他们把病因分为三种类型：一是内经络脏腑受病；二是为外肌肤血脉所中；三是为房室金刃虫兽所伤。南宋医学家陈言把它归纳为患病的“内因、外因、不内外因”的假说。

4.“火热论假说”。它是由中国金代名医刘完素（1120—1200）于1182年提出的。他认为，风、寒、暑、湿、燥都能化火生热，它们是导致人体患病的原因。他提出用辛凉解表、表里双解、清热养阴等方法治病，从而开创了治疗温病的先河，被后人称为“寒凉派”。

5.“药物归经假说”。它是由中国金代医学家张元素于12世纪末在他的《脏腑标本寒热虚实用药式》一书中提出的。他认为，同一种药，药用部位不同它的作用也不相同，应当结合药物的气味厚薄、阴阳升降性能来治病。他因此被后人称为“易水学派”的奠基人。

6.“阴证假说”。它是由中国古代名医王好古（约13—14世纪）于

13世纪末提出的。他认为，阴虚的病因是脾肾两虚。因此，应当在治疗上保护肾气，增强体质，以温养脾肾为原则。

7.“相火假说”。它是由中国元代医学家朱震亨（1282—1358）于1347年提出的。他认为，人的生命力来源于“相火”的运动，相火由肝肾控制，它有“常”和“变”的规律，相火稳定则人体健康；相火发生变化，则人会患病。他主张要用滋阴降火的药物来治病，并倡导节欲养心。为此，他还研制了大补阴丸、虎替丸等药，被后世称为“滋阴派”，为日本学者誉为“世界四大名医之一”。

8.“血液循环假说”。它是由意大利医学家切塞宾诺（A. Cesalpino，1524—1630）于1593年在他的《医学问题》一书中提出的。他认为，心脏收缩时，血液被输送到主动脉和肺动脉；心室舒张时，心脏又接受从腔静脉、肺静脉流回的血液，心脏是循环的中心，动脉、静脉是心脏的延续。该假说否定了以往认为肝脏是血液运动中心的传统说法，为血液循环理论的建立打下了基础。

9.“命门温补假说”。它是由中国明代医学家张景岳于1624年提出的。他认为，脏腑精气统归于“命门”，它是人体生命的根本。因此，应当在阳中补阴，在阴中补阳。

10.“戾气假说”。它是由中国古代医学家吴有性于1642年在他的《瘟疫论》一书中提出的。他认为，疾病是由“戾气”引起的，戾气是一种物质，它通过人的口鼻侵犯机体，可以传染给他人。另外，痘疹疔疮等外科感染性疾病也是由戾气造成的。因此，应当采用祛邪逐秽的方法治疗该病。他以此创立了辨治外感温热病的新学派。

11.“生命活动发酵假说”。它是由荷兰医学家希尔维厄斯（F. Sylvius，1614—1672）于1663年提出的。他认为，人体的生命活动都是化学活动，都是发酵。不同性质的分泌液（如唾液、胰液、胆汁等）的相互化合会引起发酵，当人体内的酸、碱液体在血液中混合适度时，人体就保持健康；如果某种分泌液过多、不足或变性，人就会生病。

12. “神经组织的应激假说”。它是由瑞士生理学家哈勒（A. Haller，1708—1777）于1752年提出的。他认为，当肌肉受到轻微的刺激时，它就会收缩，当受到刺激的是神经时，神经则支配肌肉产生收缩。另外，组织本身无感觉，感觉来自神经传递的冲动。

13. “动物磁力假说”。它是由瑞士医生麦斯麦（F. A. Mesmer，1734—1815）于1778年提出的。他认为，治病者用磁铁或用手抚摸患者使之病愈或病情减轻的原因，是因为治病者体内有一种神秘的“动物磁力”，这种力作用于患者体内，使他病愈。该假说未被承认。

14. “尿形成假说”。它是由英国生理学家鲍曼（S. W. Bowman，1816—1892）于1842年提出的。他认为，肾动脉的血液进入到毛细血管丛，流经输尿管中的毛细血管，最后到达肾静脉小血管。在此过程中，血液中的水分从“马尔皮基小体”中溢出，便形成了尿。该假说也被称为“鲍曼氏假说”，他也因此而于1842年荣获英国皇家学会奖章。

15. “第二信使假说”。它是由美国生物化学家萨瑟兰（E. W. J. Sutherland，1915—1974）于1969年提出的。1956年，他在研究中分离出了三磷酸腺苷（ATP）的中间物——环磷酸腺苷（cAMP）。后来，他又在肝细胞膜中发现了一种腺苷酸环化酶。由此他认为，激素作为“第一信使”将化学信息送达“靶细胞”，而cAMP可作为“第二信使”，它将此信息送到细胞内的效用系统。1972年，生物学家们则认为，cAMP不是“第二信使”，而是“第三信使”，前列腺素才是“第二信使”，从而修正了该假说。该假说为研究生命信息开辟了道路，他也因此于1971年荣获诺贝尔生理学医学奖。